目　次

本書の構成とねらい

第Ⅰ部　動物園が果たす社会心理学的役割

1　動物園における　ブランド絆感の構築を目指して ──────── 3

1　動物園研究の現在　（3）

　1．動物園とは何か

　2．動物園学の構成

　3．動物園に対するブランド絆感

2　動物園に対するブランド絆感測定の試み　（11）

　1．調査のねらい

　2．調査のデザイン

　3．結果──来園経験の状況とブランド絆感──

　4．まとめ

3　大阪市天王寺動物園の未来　（24）

　1．大阪市天王寺動物園101計画

　2．大阪市天王寺動物園と周辺地域との接続

　3．大阪市天王寺動物園のゆくえ

4　動物園研究への旅立ちへ　（34）

2 動物園で飼育されている動物に対する性格特性の推測 — 38

1 動物に対する性格特性の推測を生みだす
　　　心理学的メカニズム　(38)
　　1．本章のねらい
　　2．動物に性格は存在するのか
　　3．動物園・動物と人間との類比経験
　　4．仮説の設定
2 調査のデザイン　(46)
　　1．調査の対象と実施
　　2．質問紙の構成
3 動物園・動物はどのように見られているのか　(50)
　　1．回答者の限定
　　2．各尺度の検討
　　3．回答者の視点取得傾向が性格の推測におよぼす影響
　　4．親友の性格推測と呈示動物の性格推測との関係
　　5．推測された性格次元上における呈示動物の弁別性
4 動物に対する性格の推測が動物園の
　　　魅力高揚に果たす役割　(64)

3 人間による動物のいのちに対する介入をめぐる諸問題 — 72
　　　——いのちに関する一考察——

はじめに　(72)
1 動物園における生と死　(72)
　　1．動物園における生と死の自然連鎖

2．人の死——脳死判定を例として——

　　3．動物園内に生息している動物のいのちの問題

2　動物を育てて自ら食べることの意味　(83)

3　動物のいのちに関する問題の深遠さ　(87)

第Ⅱ部　地方動物園が抱える問題と地域での役割

4　日本における地方動物園の現状 ―――――― 95
　　——いくつかの地方動物園に関する考察——

1　日本における地方動物園の現状　(95)

　　1．公立動物園におけるパラダイム転換

　　2．地方動物園における再生戦略事例

2　関西圏に位置する地方動物園に関する
　　　いくつかの観察事例　(103)

　　1．福知山市動物園

　　2．五月山動物園

　　3．大内山動物園

3　地方動物園の未来　(114)

5　「姉妹都市」提携事業として姫路市立動物園に寄贈
　　されたウォンバットのゆくえ ―――――― 119

はじめに　(119)

1　「姉妹都市」提携を活用した姫路市立動物園の事例　(119)

　　1．地方中核都市としての姫路市

　　2．姫路市における「姉妹都市」提携の状況

3．交流事業の一環としてのアデレード市からのウォンバット寄贈の顛末

　　4．姫路市立動物園の集客戦略

　2　持続可能な動物交流へ　(129)

6 ここまでの暫定的結論 ———————— 137

付論　虚構世界における動物園 ———————— 142
　　　——『逢魔ヶ刻動物園』が描く変身の妄想的世界——

　1　現実から虚構へ　(142)

　2　園長＜椎名＞は本当に「自己中」？　(144)

　3　丑三ッ時水族館との争い　(146)

　4　ヤツドキサーカス団との争い，そして大団円へ　(148)

　5　『週刊少年ジャンプ』誌と『逢魔ヶ刻動物園』　(150)

　6　変身の場としての「逢魔ヶ刻動物園」　(154)

　7　動物園がもつ「神秘性」の意義　(156)

あとがき　(161)

本書の構成とねらい

本書は,「第Ⅰ部 動物園が果たす社会心理学的役割」と「第Ⅱ部 地方動物園が抱える問題と地域での役割」, さらに「付論 虚構世界における動物園」から構成される. 3つの章から成る第Ⅰ部 (第1章, 第2章, 第3章) では, 動物園がもつ存在意義に触れた上で, 動物園の魅力高揚に対する社会心理学的視点からの言及が行われた. さらに, 動物園の魅力に関わる社会心理学的メカニズムを解明する実証的研究も試みた. これらを踏まえて, 動物園で飼育されている動物のいのちの問題も考察した. 続く第Ⅱ部は, 動物園がもつ地域での役割に関して言及した2つの章から成る (第4章, 第5章). 現場観察も交えながら考察を展開し, 姉妹都市提携に伴ういわゆる動物交流の問題についても論議した. 付論では, 第Ⅰ部と第Ⅱ部で対象とした現実の動物園とは異なり, コミックというい わば虚構世界で描かれた動物園の社会心理学的意義を論じた.

まず, 第Ⅰ部と第Ⅱ部に含まれる各章の概要を述べよう.

第1章では, 動物園の社会心理学的機能について様々な観点から考察した. まず, 動物園研究の意義に焦点をあてた. 近年学際科学として提唱されている動物園学の現状を踏まえながら, 動物園に対するブランド絆感構築の重要性を強調した. 女子大学生 ($N=609$) を対象として動物園に対するブランド絆感測定のための心理学的尺度の開発を試み, 信頼性と妥当性を確認した. さらに, 大阪市の中心部に位置する天王寺動物園についても検討し, 新世界地域とあべ

の商業地域を含む回遊行動との連結の重要性などを論議した.

　第2章では，動物園の飼育動物に対する性格推測が動物園への来園動機を高めるという前提の上で，実証的研究が試みられた．ブルーナーとタジウリ（Bruner & Tagiuri, 1954）によって提起された暗黙の性格観の考えによれば，一般の人々では性格特性間の様々な関係が素朴に仮定されている．この章では，動物園の飼育動物に対して性格がどのように認知されているかが検討された．Big Five尺度（和田，1996）を用いて，女子大学生（$N=305$）に最も親しい同性の友だちに関する性格を評定させた．次に，彼らは，動物園の飼育動物の写真を見て，性格特性を推測した．2種類の評定に対して因子分析が実施された．親友の場合には，性格特性の基本的5因子（和田，1996）に対応する因子が抽出された．しかしながら，動物園の飼育動物に関して得られた5因子は，親友の場合と少し異なっていた．性格特性得点に関するクラスター分析や高次因子分析により様々な動物の弁別的特徴が現れた．他の分析結果も含めると，動物園の飼育動物に対しても暗黙の性格観システムが発動され，性格推測が行われている可能性が確認された．

　第3章では，人間による動物のいのちに対する介入をめぐる問題が，動物園における「園内リサイクル」のシステムを論議の糸口として検討された．とくに，動物園内で生息している動物のいのちの問題や最近小学校などで重視されている動物飼育といのちの大切さに関する学びとの連結などに焦点をあてた．動物のいのちの問題が人間存在の捉え方に関わるきわめて哲学的な観点を前提とすることが確認された．

　第4章の目的は，地方動物園の現状を検討し，これらの動物園が

直面している様々な問題を浮き彫りにすることであった．佐渡友（2015, 2016）は，第2次世界大戦後の日本の公立動物園で採用された経営方針を分析し，1960年代半ばから1970年代半ばにかけてパラダイム転換（公的資金の投入を前提とした運営）が起きたことを指摘した．戦後の高度成長が1990年代に終焉したことに伴い，多くの地方動物園が財政難に陥った．しかしながら，様々な再生方略を採用することにより経営が回復方向に向かっている動物園も多く見られる．また，関西圏にあるいくつかの地方動物園の現場観察に基づき，地方動物園の役割が論議された．

　第5章では，アデレード（Adelaide）市と姫路市の姉妹都市提携の象徴として姫路市立動物園に寄贈されたウォンバット（wombat）の役割を中心に検討した．1982年にアデレード市と姫路市との間で姉妹都市提携が結ばれ，これを記念して1985年にウォンバットが姫路市立動物園に寄贈された．しかしながら，姫路市立動物園は，集客方略のためにウォンバットを役立てることができなかった．この動物園が採用した方略は，姫路市が実施する様々な行事との連携であった．これは，ウォンバットを中心に据えた池田市の五月山動物園の場合と対照的である．このような対照的な事例を含めて，姉妹都市提携の象徴としての動物交流の意味が論議された．

　付論では，コミックが描かれた動物園が現実の動物園がもつ神秘性を基盤とすることを明らかにしながら，虚構世界を描いたコミックが現実の動物園の魅力高揚に逆流的につながることを示唆した．

引用文献

Bruner, J. S., & Tagiuri, R. 1954 "The Perception of People." In G.

Lindzey(Ed.), *Handbook of Social Psychology, vol.* II, Reading, Mass.: Addison Wesley, 634-654.

佐渡友陽一　2015「日本の公立動物園経営のパラダイム転換にかかる要因分析」『日本ミュージアム・マネジメント学会研究紀要』, **19**, 25-32.

佐渡友陽一　2016「日本の動物園水族館の経営方針と成長に関する分析」『日本ミュージアム・マネジメント学会研究紀要』, **20**, 35-44.

和田さゆり　1996「性格特性用語を用いたBig Five尺度の作成」『心理学研究』, **67**, 61-67.

第 I 部　動物園が果たす社会心理学的役割

動物園における
1 ブランド絆感の構築を目指して

1 動物園研究の現在

1. 動物園とは何か

　動物園とは,「広辞苑」(新村編, 2018)によれば「各種の動物を集め飼育して一般の観覧に供する施設」を指している．動物園という用語はもともと"Zoological Garden"の翻訳である．例えば，江戸時代末期に幕府の命により欧米社会を視察した福沢諭吉は，その報告書の中で動物園という日本語を発明したとされる(**表 1-1**, 福沢(2009)による)．「京都市動物園」園長であった川村多實二（佐々木（1987）による）は，「職能や教育効果に対する昔からの無理解」を表すとし

表 1-1　福沢諭吉による動物園の定義

ゾーロジカル・ミュヂアム (zoological) と云えるは禽獣魚虫の種類を集むる所なり．……又動物園，植物園なるものあり．動物園には生ながら禽獣魚中を養えり．獅子，犀，象，虎，豹，熊，羆，狐，狸，猿，兎，駝鳥，鷲，鷹，鶴，雁，燕，雀，大蛇，蝦蟇，すべて世界中の珍禽奇獣皆この園内にあらざるものなし．之を養うには各々その性に従て食物を与え寒温湿燥の備えをなす．海魚も玻璃器に入れ時々新鮮の海水を与えて生ながら貯えり．……

出典）福沢（2009）.

て科学的な観点の導入という点から，この動物園という訳語が不適切であると批判し,「動物学園」という用語を用いることを提唱した．佐々木 (1987) によると，文久 2（1862）年の遣欧使節であった5人の日記には「遊園，禽獣飼立園，禽獣園，禽獣草木園」などと叙述されており，福沢諭吉ですら「禽獣草木園」と最初は記していた．そもそもロンドン動物園の正式名称 "Zoological Society of London" であるが，非公認ガイドブックが "Zoological Gardends and Museum" としたために "Zoological Garden" という呼び名が一般的になってしまったのである（佐々木, 1987）．いずれにせよ，石田（2010）が指摘するように，「見せる」という動物園の行為が大前提となることを考えれば，動物園という用語のほうが適切であろう．

日本では，法制度上，動物園は博物館の一種である（堀, 2014）．博物館法第 2 条によれば，博物館の目的は，「歴史，芸術，民俗，産業,自然科学等に関する資料を収集し，保管（育成を含む．以下同じ）し，展示して教育的配慮の下に一般公衆の利用に供し，その教養，調査研究，レクリエーション等に資するために必要な事業を行い，あわせてこれらの資料に関する調査研究をすること」と定められている（電子政府の総合窓口, 2018）．この条文に従えば，動物園は博物館に含まれる施設となる．つまり，博物館法が博物館に期待する役割に「自然保護」や「動物という生きた資料」に含めれば動物園も含まれることになる（土居, 2012；図 1-1）．ただし，博物館法第29条に定められた博物館相当施設が適用されるためには，文部科学大臣あるいは教育委員会の指定が必要となっている．むしろ，動物園は「日本動物園水族館協会」を中心に発展している．この組織は,

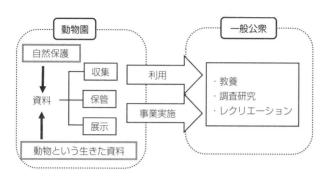

図1-1 博物館法が博物館に期待する役割
出典）土居（2012）．

1939年に発足したが，第2次世界大戦中に活動停止したものの，1946年に復活した．現時点（2016年7月）では，89の動物園や62の水族館が正規加盟している（その他維持会員として68団体）（日本動物園水族館協会，2016）．

ここではまず，この動物園という装置について，歴史的に概観しよう．動物園に相当するシステムに関する歴史的記述として，旧約聖書に記された「ノアの方舟」を挙げることができる．そこでは「限定された空間に組織だって動物を収集する物語」（渡辺，2000）が描かれている．つまり，「ノアの方舟」は，渡辺（2000）が指摘するように，現代の動物園の主要機能である自然保護や種の保存などの科学的側面を含んでいるのである．また，宗教社会から理性・科学的世界への移り変わりを予言した，ベーコン（Francis Bacon, 1561年-1626年）によるユートピア小説『ニューアトランティス』（1627年出版）には理想的な動物園が提示されている（**表1-2**）．それまでに付与されていた神話的あるいは魔術的な力を剥奪した形で動物を科学的に扱っているのである．

神聖ドイツ帝国時代に宮殿に付設してつくられたシェーンブルン動物園（Tiergarten Schönbrunn, 1752年創設）は，もともと権力の誇示を意図していたが，世界各地から収集された動物に関する知識を人々に提供した．この知識提供は現代動物園のもつ主要機能の1つである．ところで，この動物園は，渡辺（2000）が指摘しているように，ベンサム（Jeremy Bentham 1748-1832年）が考案した一望監視装置（パノプティコン〈Panopticon〉，1791年）と空間的に類似している（**表1-3**）．フランス革命（1787-1799年）後には，監視者の場所が取り除かれ，園内を自ら監視者として来園者が徘徊することとなる．なお，この一望監視装置は，ミシェル・フーコー（Michel Foucault, 1926-1984年）によって「権力を没個人化」する「重要な装置」と位置づけられた（Foucault, 1975）．

渡辺（2000）は，現代に至る以上のような動物園の変遷を踏まえ

表1-2 『ニュー・アトランティス』に描かれた動物園相当施設

われわれはまたあらゆる種類の獣，鳥のための園と檻を有している．珍しいものを人に見せるためだけではなく，解剖と実験のためであり，それによって人体にどのような処置を施すことができるかを理解するためである．

出典）Bacon（1627）．

表1-3 ベンサムが考案した一望監視装置

周囲には円環状の建物，中心に塔を配して，塔には円周状にそれを取り巻く建物の内面に面して大きい窓がいくつもつけられる．周囲の建物は独房に区分けされ，そのひとつひとつが建物の奥行をそっくり占める．独房には窓が二つ，塔の窓に対応する位置に，内側にむかって一つあり，外側に面するもう一つの窓から光が独房を貫くようにさしこむ．それゆえ，中央の塔のなかに監視人を一名配置して，各独房内には狂人なり病者なり労働者なり生徒なりをひとりずつ閉じ込めるだけで充分である．……

出典）Foucault（1975）．

た上で，文化的装置としての動物園に関する2つの機能の区別を提唱した．①動物それ自体に付与された仲介者としての機能（非日常的なものと，日常的なものの媒介者としての動物，国家と国家を媒介する役割を担うものとしての動物，干支に代表されるように文化と自然を媒介するものとしての動物），②動物園という空間形式が持つ媒介機能（様々な世界観を表出する場所としての動物園）．渡辺によれば，日本で展開された動物園は②よりも①の機能がより強く付与されている．

元「京都市動物園」園長であり，動物園史家の佐々木時雄（石田（2010）による）は，近代動物園を次のように定義した．① 収集の対象が地球的で広範囲，② 繁殖や長期飼育などの動物の生活権，③ 科学とコレクションの結合，④ 民衆とコレクションの結合．現代では，石田（2010）によれば，動物園の目的として次の4点が共通に認められている．① 教育，② レクリエーション，③ 自然保護，④ 研究．日本でこの4つの目的が広く膾炙されたのは1970年代になってからである．「動物を見る」人々（＝来園者）と「動物園の目的・使命」を果たそうとする動物園側との間にはずれがある．つまり，石田（2010）は，このずれの主要原因が4つの目的のうちの「研究」にあると指摘している．他の3つの目的はいずれも「動物を見せる」という行為に関わるからである．その上で，石田は，「自然 → 動物園 → 市民へのメッセージ → 市民の自然界への理解・共感と保護」という動物園の構造を動物園側が自覚する必要性を唱導している．

2. 動物園学の構成

村田（2014）によれば，動物園学という名称は，「上野動物園」園長であった中川志郎によって初めて用いられた．村田は，その中川

の定義を,「ヒトと動物の調和をめざす総合科学(動物園学；Zoo Science)は,単一の科学ではなく総合的なものであり,関係ある科学を有機的に結びつけ,連関させることによって作り上げられる新しい学問体系」と要約している.つまり,学際科学としての動物園学の必要性が提唱され,動物園学は,図1-2に示すように自然科学,社会科学,および人文科学の諸領域から構成される.

動物園に関する様々な知識や研究所見の整理を試みた,ホージー,メルフィーとパンクハースト(Hosey, Melifi, & Pankhurst, 2009)も,動物園を対象とした研究が様々な学問分野にわたることを指摘し,研究を次の3カテゴリーに大別した.① 行動学,生理学,遺伝学,栄養学,動物福祉,野生動物医学などの基礎・応用研究,② 野外調査に基盤をおく保全研究,③ 動物園の役割や運営に関する動物園自体を対象とした研究.

本章のねらいは,ブランド絆感の概念を中心におき,動物園の社

図1-2　学際科学としての動物園学
出典) 村田 (2014).

会心理学的機能を明らかにすることにある．これによって，動物園学（村田，2014；Hosey *et al.*, 2009）の充実化に寄与するとともに，動物園活性化に向けた具体的提案を行う．

3. 動物園に対するブランド絆感

石田（2013）によれば，動物園は，一定の教養を前提とする美術館や博物館と異なり，親子連れやカップルが楽しく時間を過ごすことができる場所である．先述した動物園の4つの目的（石田，2010）のうちレクリエーション的機能の高低により集客が変動する場所ともいえる．

石田（2013）は，動物園が「博物館とも見世物ともいえない場」となっている反面，「どちらともいえる場」になっているという両義性を指摘している．これは，動物園の敷居が低く，生きている動物を見ることができるなどの大衆性をもつのに，学習性や野生動物の保護に対する寄与の意識をあまり自覚していないことに起因している．

例えば少子化や娯楽の多様化の影響で，大阪市天王寺動物園の入園者数は，2013年には，過去10年で最低の116万人に落ち込んだが，2015年には170万人を上回った（**表1-4**）．このV字回復は，① 開園時間を延長したナイトZOOの実施，② 天王寺公園の整備，③ 外国人観光客の増加などに因っている（産経WEST，2016）．ちなみに，このナイトZOOは開園100周年を記念して2015年より夏期限定で開催され（**図1-3**），夜行性動物を中心に日没後（アフター5）の動物の生態を観覧できる（大阪市天王寺動物園，2016a）．動物園入園者の増加は，他の大都市に設置されている動物園でも認めることができる（**表**

1-4).したがって,入園者数を動物園の存在意義に関する指標の1つとする限り,動物園が人々に対して魅力をもち反復来園を喚起するために動物園に対するブランド絆感の醸成は重要であろう(諸井・濱口,2009;諸井・足立・福田,2015).

表1-4 全国主要動物園における2015年の入園者数

施設名	所在地	入場者数(人)	前年度比(%)
東京都恩賜上野動物園	東京都	3,969,536	107.50
名古屋市東山動植物園	愛知県	2,583,986	113.80
天王寺動物園	大阪府	1,731,000	126.90
旭川市旭山動物園	北海道	1,521,662	92.10
神戸市立王子動物園	兵庫県	1,249,220	107.00

出典)月刊レジャー産業資料(2016).

図1-3 大阪市天王寺動物園・ナイトZOOの賑わい
2016年8月20日 著者撮影.

2 動物園に対するブランド絆感測定の試み

1. 調査のねらい

　以上に述べたことを踏まえ，次のことを目的として女子大学生を対象とする質問紙調査を行った．1つ目の目的として，女子大学生の動物園や水族館への来園経験を調べることである．最近の動物園施設に対するV字回復の状況（**表1-4**）が女子大学生にも適用できるのかを検討する．2つ目の目的は，諸井ら（2009；2015）が検討したテーマパークに対するブランド絆感が，動物園や水族館に対しても抱かれているのかを調べることである．この作業は，動物園に対する魅力や反復来園の基底にある心理学的メカニズムの解明の足がかりとなる．最後の目的は，大阪市の中心部に位置する大阪市天王寺動物園が抱えるいくつかの問題のうち集客という問題に焦点をあて，現時点での暫定的な提案を行うことである．

　なお，ここで動物園に限定せず水族館も含めた理由は，この2種類の施設の境界が曖昧なためである（例えば，ほ乳類であるアシカは大阪市天王寺動物園でもあるいは海遊館でも飼育されている）．

2. 調査のデザイン

(1) 調査の対象および調査の実施

　D女子大学での社会心理学関係の講義を利用して，『日常生活行動』調査の名目で質問紙調査を実施した（今出川キャンパス・サンプル：2016年6月2日；京田辺キャンパス・サンプル6月13日；前者は京都市，後者は京都府・京田辺市に位置する）．回答にあたっては匿名性を保証し，

質問紙調査の実施後に調査目的と研究上の意義を簡潔に説明した．

青年期の範囲を逸脱している者（25歳以上）を除く，女子学生609名を対象とした（今出川キャンパス・サンプル187名／京田辺キャンパス・サンプル422名）．回答者の平均年齢は19.17歳（$SD = .93$, 18〜22歳）であった．なお，欠損値のために，分析によって対象人数が異なる．

(2) 質問紙の構成

質問紙は，①動物園や水族館の来園経験に関する質問群，②最近訪れた動物園や水族館の同定，③同定した施設に対するブランド絆感の測定，④基本的属性から構成される．

①動物園や水族館の来園経験に関する質問群

動物園や水族館の来園経験について以下のように尋ねた．関西圏の主要施設を挙げ，それぞれについて回答者が高校1年生の頃から現在までの間に訪れたことがあるかどうかを回答してもらった（「1．訪れたことがある」，「2．訪れたことがない」）．

なお，回答対象とした施設は以下の通りである．姫路市立動物園，姫路セントラルパーク，神戸市立王子動物園，大阪市天王寺動物園，NIFREL（ニフレル；千里万博公園），海遊館，京都市動物園，京都水族館，めっちゃさわれる動物園（ピエリ守山内），名古屋市東山動植物園，鳥羽水族館，志摩マリンランド．調査対象としたD女子大学の立地から，このようにした（ただし，今出川サンプルでは，京都水族館を含んでいない）．

②最近訪れた動物園や水族館の同定

回答者が高校1年の頃から現在までの間で最も近い時期に訪れたことがある施設に関する以下の一連の質問に回答させた．(a)動物園および水族館の名称，(b)同定した施設の所在地（都道府県名），(c)

同定した施設を最後に訪れた時期，(d) 高校1年の頃から今までに同定した施設を訪れた回数．ただし，同定した施設は，必ずしも (a) で挙げたものに限定されないことを付記した．動物園や水族館を訪れたことがない回答者には，回答欄に大きく×印を記入させ，次の③の設問にも回答する必要はないと指示した．

③ 同定した施設に対するブランド絆感の測定

②で同定した施設に対するブランド絆感を測定するために，諸井・濱口（2009）によるブランド絆感尺度を利用した．消費者が特定の商品へ抱く心理的一体感を測定するために松井（1987）が作成した測度をテーマパークに対するブランド絆感を測定できるように改変し，尺度の信頼性が確認された（諸井・濱口，2009；諸井・足立・福田，2015）．

今回の調査では，動物園や博物館に対するブランド絆感の測定をするために，もともとの10項目を点検・修正した（**表1-7-a**）．回答者に②で同定した施設を訪れた時の様子を回顧させ，当該施設に対する態度や考えに各項目があてはまるかどうかを4点尺度で回答させた（「4．かなりあてはまる」～「1．ほとんどあてはまらない」）．

④ 基本的属性

回答者の基本的属性（性別，学年，所属学科，年齢，すまいの形式）に加え，現在と高校1年次の居住地の都道府県名も記入させた．

3．結果——来園経験の状況とブランド絆感——

(1) 動物園や水族館の来園経験

① 動物園・水族館来園経験の状況

高校1年の頃から現在までの当該施設に関する来園経験の状況を

表1-5に示す．NIFREL（12.2%），京都市動物園（11.7%），鳥羽水族館（18.4%）は，訪れたことがあると回答した割合が10%以上であった．また，大阪市天王寺動物園（24.9%），海遊館（43.6%），京都水族館（27.9%）の3施設については，20%以上の回答者が訪れていた．

調査対象とした大学の立地から（京都市，京田辺市），大阪市天王寺動物園，海遊館，京都水族館は，大阪や京都など都市の中心部に位置しており，来園率が高いのは当然といえよう．中でも海遊館の数値は他の施設と比較して高く，周辺に商業施設やアミューズメント施設が併存していることによると考えられる．京都市動物園については，最寄りの交通機関の関係で数値が低下していると解釈できよう．

対照的に，鳥羽水族館，志摩マリンランド（7.5%），めっちゃさわれる動物園（1.5%）は，立地上遠方にあるために来園経験者が少ないといえる．なお，交通立地上便利で商業施設やアミューズメントが併存しているNIFRELの来園経験率は12.2%であったが，調査時期の半年前（2015年11月）に開園したことを考慮すると，上記のことと矛盾しない．また，海遊館や京都水族館における高い来園経験率は，屋内型施設のために天候に左右されず，楽しむことができるためであろう．なお，リスト上の施設のどれにも来園経験がない者は，24.7%（148名／今出川サンプル55名〈182名中〉；京田辺サンプル93名〈416名中〉）にとどまった．

② 動物園・水族館来園経験とすまいとの関連

現在のすまいと高校1年次のすまいが一致している者に限定し，回答者のすまいの位置が当該施設の来園経験に影響するかを統計的に分析した．

表1-5 高1の頃から現在までの動物園・水族館来園経験 ——全体——

	zoo 1 姫路市立動物園		zoo 2 姫路セントラルパーク		zoo 3 神戸市立王子動物園		zoo 4 大阪市天王寺動物園		zoo 5 NIFREL ニフレル千里万博公園		zoo 6 海遊館	
	N	%	N	%	N	%	N	%	N	%	N	%
1. 訪れたことがある	9	1.5	31	5.2	43	7.2	147	**24.6**	73	12.2	261	**43.6**
2. 訪れたことがない	589	98.5	567	94.8	555	92.8	451	75.4	525	87.8	337	56.4
合計	598	100.0	598	100.0	598	100.0	598	100.0	598	100.0	598	100.0

	zoo 7 京都市動物園		zoo 8 京都水族館		zoo 9 めっちゃさわれる動物園ピエリ守山内		zoo 10 名古屋市東山動植物園		zoo 11 鳥羽水族館		zoo 12 志摩マリンランド	
	N	%	N	%	N	%	N	%	N	%	N	%
1. 訪れたことがある	70	11.7	116	**27.9**	9	1.5	21	3.5	110	**18.4**	45	7.5
2. 訪れたことがない	528	88.3	300	72.1	589	98.5	577	96.5	488	81.6	553	92.5
合計	598	100.0	416	100.0	598	100.0	598	100.0	598	100.0	598	100.0

注1）複数回答.
注2）太字は,「回答者の15％以上が来園したことがある」ことを示す.

表 1-6-a　高校1年次のすまいと現在のすまいとが一致している回答者
———施設来園完全サンプル———

	N	%
大阪	168	28.1
京都	95	15.9
奈良	92	15.4
滋賀	45	7.5
兵庫	36	6.0
その他	161	27.0
合計	597	100

注)「三重」,「和歌山」,「愛知」で一致している者が各2名いたが,「その他」に合算した.

a) すまいによる回答者の選別

高校1年次のすまいと現在のすまいが一致している回答者を**表1-6-a**に示す．なお，和歌山，三重，および愛知に該当する者が少数であったので，割愛した．対象大学の立地を反映して，大阪，奈良，および京都がすまいである者が多かった．

b) 施設来園経験とすまいとの関連

回答者のすまいによって当該施設の来園経験が影響されるかどうかを検討するために，施設ごとにすまい別来園経験率を算出した．これを**表1-6-b**に示す．さらに，当該施設の来園経験率におよぼすすまいの効果を検討するために，ロジスティック回帰分析を行った．その際，すまい5地域（大阪，京都，奈良，滋賀，兵庫）を説明変数とし，当該施設の来園経験を従属変数とした．結果を**表1-6-b**下部に示す．

鳥羽水族館以外の6施設では，すまいの有意な効果が認められた．神戸市立王子動物園では兵庫にすまいがある者の来園頻度が高く，

1 動物園におけるブランド絆感の構築を目指して

表1-6-b 施設来園経験とすまいとの関連——来園の有無——

[すまい]		zoo 3 神戸市立王子動物園 N	zoo 4 大阪市天王寺動物園 N	zoo 6 海遊館 N	zoo 5 NIFREL ニフレル 千里万博公園 N	zoo 7 京都市動物園 N	zoo 8 京都水族館 N
大阪	1. 訪れたことがある	13	**70**	**87**	**30**	5	32
	2. 訪れたことがない	155	98	81	138	163	96
京都	1. 訪れたことがある	2	12	40	8	**34**	**23**
	2. 訪れたことがない	93	83	55	87	61	34
奈良	1. 訪れたことがある	3	**34**	**47**	**14**	6	**27**
	2. 訪れたことがない	89	58	45	78	86	48
滋賀	1. 訪れたことがある	3	7	19	3	13	**13**
	2. 訪れたことがない	42	38	26	42	32	11
兵庫	1. 訪れたことがある	**16**	5	17	**7**	1	3
	2. 訪れたことがない	20	31	19	29	35	20
その他	1. 訪れたことがある	5	19	50	11	11	18
	2. 訪れたことがない	156	142	111	150	150	90
尤度比検定		$X^2_{(5)}=50.52$ $p=.001$	$X^2_{(5)}=60.17$ $p=.001$	$X^2_{(5)}=17.58$ $p=.004$	$X^2_{(5)}=14.70$ $p=.012$	$X^2_{(5)}=74.75$ $p=.001$	$X^2_{(5)}=24.68$ $p=.001$

注1) 太字は、ロジスティック回帰分析により有意な偏りが認められたセルを示す。
注2) 高校1年次のすまいと現在のすまいが一致している者に限定（和歌山）、「三重」、「愛知」は「その他」に合算した）。
注3) ロジスティック回帰分析では「その他」のカテゴリーをダミー変数（0,0）とした。

大阪市天王寺動物園と海遊館では大阪あるいは奈良にすまいがある者が頻繁に訪れていた．NIFRELではすまいが大阪，奈良，あるいは兵庫である者の来園経験が高かった．また，京都市動物園では京都あるいは滋賀，京都水族館では京都，奈良，あるいは滋賀にすまいがある者がより頻繁に訪れていた．

全体的に，以上の結果は地理的に近接した施設に訪れる傾向があることを示した．さらに，交通機関の接続状況も影響している．奈良や滋賀については，同等施設がないことや，通勤事情なども影響すると推測される．商業施設やアミューズメントを併存したNIFRELの場合，奈良からの来園者も有意に高いといえたが，交通上の距離としてはかなり遠方になる．逆にNIFRELへの京都からの来園が有意に高くない点は，京都水族館の影響と解釈できよう．興味深いことに，京都水族館の来園頻度については，すまいが京都よりも滋賀の場合のほうが若干高くなっている．これは，対象とした大学の立地によって京都への地理的移動に馴れ親しんでいるためと推測される．全体としては，今回の調査で対象にした施設では，すまいと当該施設の地理的近接性が来園に対する有意な影響をもつといえよう．

(2) 動物園や水族館に対するブランド絆感

① ブランド絆感尺度の検討

巨大テーマパーク（東京ディズニーランドとユニバーサル・スタジオ・ジャパン）を対象とした研究では（諸井・濱口，2009；諸井ら，2015），ブランド絆感を測る尺度が作成され，その単一次元性が確認されている．ここでは，動物園や水族館に対するブランド絆感を測定するために尺度項目を改変した．この尺度が単一次元性と仮定して，以下の手

順で検討を行った．尺度項目ごとに平均値の偏り（$1.5<m<3.5$）と標準偏差値（$SD>.60$）のチェックを行ったが，10項目すべてが適切であった．そこで，10項目を対象によって信頼性分析を実施した．10項目が同一の心理学的概念を測定しているかを確認するために，ⓐ相関分析（当該項目得点と当該項目を除く合計得点とのピアソン相関値）とⓑ*Cronbach*のα係数値による検討（尺度全体での整合性）を行った．結果を**表1-7-a**に示す．

1回目の分析では，1項目（zoo_br_10：〈私は，この「施設」に行きたい日が休園だと分かったら他の似た施設に行くと思います．〉）でピアソン相関値が0に近くこの項目が他の項目と異質であることが示された．この項目を除く9項目の分析では，相関分析およびα係数値ともに適切な結果が得られた．そこで9項目の平均値をブランド絆得点とした（$m=2.76, SD=0.54, N=449$）．この得点平均値は，尺度中性点（2.5）を有意に上回っていた（対応のある*t*検定；$t_{(448)}=10.35, p=.001$）．

② 施設別ブランド絆感得点

同定された施設ごとのブランド絆感得点を**表1-7-b**に示す．平均値は2.11から3.67の範囲にあるが，ここでは当該施設を挙げた回答者が10名以上であった9施設の平均値を一元配置の分散分析によって比較した．施設の有意な主効果が得られた（$F_{(8, 365)}=2.72, p=.006$）．下位検定を行ったが（*Bonferroni*の方法），NIFRELと大阪市天王寺動物園との間に有意差（$p=.027$）が認められたに過ぎなかった．なお，大阪市天王寺動物園の平均値2.50は尺度中性点（2.5；「4」から「1」で回答を求めているので2.5が中性点となる）と有意に異ならなかった（対応のある*t*検定；$t_{(46)}=-0.01, ns.$）．

表1-7-a　ブランド絆感尺度項目

zoo_br_1　私は，この「施設」が「安心して行ける場所だ」と思います．

zoo_br_2　私は，この「施設」に親しみを感じています．

zoo_br_3　私は，この「施設」が閉園されるとしたらがっかりすると思います．

zoo_br_4　私は，この「施設」の雰囲気が好きだ．

zoo_br_5　私は，人から相談されたらこの「施設」に行くように奨めると思います．

zoo_br_6　私は，人から「この『施設』はよくない」と言われたら嫌な気持ちになります．

zoo_br_7　私は，他の似た施設と比べて入場料が多少高くてもこの「施設」に行くと思います．

zoo_br_8　私は，この「施設」の良いところを人に教えてあげたいと思います．

zoo_br_9　私は，他の似た施設に行くよりもこの「施設」に行くほうが幸せな気分になれると思います．

注1）この9項目それぞれに，4点尺度で回答させる（「4．かなりあてはまる」，「3．どちらかといえばあてはまる」，「2．どちらかといえばあてはまらない」，「1．ほとんどあてはまらない」）．9項目の回答値の平均値をブランド絆感点とする．
注2）Cronbachのα係数値＝.86（この値が1に近いほど9項目が同一の心理学的概念を測定していることを示す）
注3）449名の平均値2.76, 標準偏差値0.54．

表1-7-b　10名以上が同定した施設のブランド絆感得点と標準偏差値
――ブランド絆感得点順――

名称	平均値	標準偏差	N
神戸市立王子動物園	2.94	0.53	13
京都市動物園	2.91	0.53	19
美ら海水族館	2.89	0.53	27
ニフレル	2.89	0.49	41
旭山動物園	2.79	0.51	16
海遊館	2.79	0.53	102
京都水族館	2.66	0.53	87
鳥羽水族館	2.64	0.57	22
大阪市天王寺動物園	2.50	0.63	47
回答者全体	2.76	0.54	449

③ 来園回数と来園時期がブランド絆感におよぼす影響

来園回数は高校1年から今までに訪問した回数であるが，最低値は当然1となる．来園時期は調査時点（2016年6月）から何カ月前に来園したかを計算したものである．**表1-7-c**には，来園回数および来園時期とブランド絆感との関係を示す．回数や時期の分布を考慮してスピアマンの順位相関値を求めた．全体の結果を見ると，来園時期が最近であるほどブランド絆感が高くなる傾向が認められた．施設別に検討すると，来園回数の影響は大阪市天王寺動物園（来園回数が多いほどブランド絆感が上昇），来園時期の影響は神戸市立動物園，NIFREL，および京都水族館（来園時期が最近であるほどブランド絆感が上昇）で見られた．

表1-7-c　同定した施設の来園回数および来園時期とブランド絆感との関係──スピアマンの順位相関値──

	[スピアマンの順位相関値]			
	来園回数	N	来園時期	N
神戸市立王子動物園	.10	13	−.67 c	9
大阪市天王寺動物園	**.34** b	47	−.19	40
海遊館	.02	102	−.09	77
ニフレル	＊＊＊	41	**−.32** c	39
京都市動物園	.03	19	−.04	16
京都水族館	.04	87	**−.30** c	71
美ら海水族館	−.22	27	.04	21
鳥羽水族館	＊＊＊	22	.11	18
旭山動物園	＊＊＊	16	.03	12
合計	.08	449	**−.20** a	356

注1）a：$p<.001$；b：$p<.01$；c：$p<.05$
注2）＊＊＊は来園回数が一定のため相関値算出不能．
注3）太字はブランド絆感と有意な関係があることを示す．

④ すまいとブランド絆感との関連

当該施設に対するブランド絆感が回答者のすまいによってどのような影響を受けるかを検討した（**表1-7-d**）。ただし，すまい別条件の人数が少数であるため，統計的検定は行わなかった。大阪市天王寺動物園，海遊館，およびNIFRELでは大阪，京都市動物園と京都水族館では京都にすまいがある回答者が抱いているブランド絆感が高い傾向にあるとおおむね読み取ることができる（ただし，人数が極端に少ない場合は無視した）。つまり，神戸市立王子動物園を除き近接している施設に対するブランド絆感が上昇する傾向にあると結論できるかもしれない。ただし，ここでは検定処理を行っていないので，この結論は暫定的である。

4. まとめ

女子大学生を対象とした本調査の目的は，①動物園や水族館への来園経験に関する状況の把握，②動物園や水族館に対するブランド絆感測定の試みである。①については，大阪市天王寺動物園，海遊館や，京都水族館の来園経験が顕著であり，NIFREL，京都市動物園や，鳥羽水族館でもほどほどに高かった。リスト上の施設のいずれにも訪れたことがない者は24.7％にとどまった。これは，このような施設への一般的な来園増加傾向（**表1-4**）に対応しているといえるが，巨大テーマパークほどではないにしろ（諸井・濱口, 2009；諸井ら, 2015），動物園に対する意識や行動を実証的に解明する試みの意義を裏づけているといえよう。さらに，当該施設の回答者のすまいに関するロジスティック回帰分析は，回答者がすまいに近接した施設を訪れる傾向があることをおおむね示した。これは，魅

表1-7-d 同定された施設に対するブランド絆感とすまいとの関連

zoo 3 神戸市立王子動物園

	平均値	標準偏差	N
大阪	3.00		1
京都			
奈良	3.22		1
滋賀	3.33		1
兵庫	2.84	0.61	9
その他			
合計	2.93	0.55	12

zoo 4 大阪市天王寺動物園

	平均値	標準偏差	N
大阪	2.62	0.62	22
京都	2.38	0.84	7
奈良	2.27	0.59	9
滋賀	3.44		1
兵庫	2.11		1
その他	2.44	0.47	7
合計	2.50	0.63	47

zoo 5 NIFREL ニフレル千里万博公園

	平均値	標準偏差	N
大阪	3.03	0.35	19
京都	2.44	0.85	4
奈良	2.85	0.36	6
滋賀			
兵庫	2.79	0.68	7
その他	2.91	0.43	5
合計	2.89	0.49	41

zoo 6 海遊館

	平均値	標準偏差	N
大阪	2.77	0.61	37
京都	2.70	0.46	15
奈良	2.60	0.41	19
滋賀	3.16	0.53	10
兵庫	2.74	0.23	3
その他	2.90	0.46	18
合計	2.79	0.53	102

zoo 7 京都市動物園

	平均値	標準偏差	N
大阪	2.22		1
京都	3.02	0.56	9
奈良	2.11		1
滋賀	3.00	0.61	4
兵庫			
その他	2.92	0.17	4
合計	2.91	0.53	19

zoo 8 京都水族館

	平均値	標準偏差	N
大阪	2.57	0.36	18
京都	2.62	0.48	20
奈良	2.58	0.68	17
滋賀	2.71	0.48	10
兵庫	2.67	0.11	3
その他	2.85	0.64	19
合計	2.66	0.53	87

zoo 11 鳥羽水族館

	平均値	標準偏差	N
大阪	2.61	0.28	4
京都	2.33	0.40	3
奈良	2.67	0.68	13
滋賀			
兵庫			
その他	3.00	0.47	2
合計	2.64	0.57	22

注1)大字は当該施設とすまいが一致していることを示す.
注2)下線は,当該施設とすまいが一致している場合の平均値よりも高いことを示す.

力があれば遠方でも訪れるという巨大テーマパーク（諸井・濱口，2009；諸井ら，2015）とは異なる．後述する大阪市天王寺動物園による調査（大阪市天王寺動物園，2016b）でも地理的近接性の影響が顕著である．したがって，動物園の今後を展望する時にどのような層を取り込んでいくのかという点で重要であろう．

テーマパークに対するブランド絆感尺度（諸井・濱口，2009）を改変して動物園や水族館に対するブランド絆感の測定を試みたが，次の知見が得られた．①尺度としての信頼性は確認された，②ブランド絆感の高さは当然ながら全体としては尺度中性点を上回るがその高さは施設により様々である．興味深いことに，本調査では，大阪市天王寺動物園の来園経験がある回答者が抱くブランド絆感は高くなかった．しかし，これを否定的に捉えるのではなく，後述するように様々な努力を試みている大阪市天王寺動物園が今後の発展の「伸び代」があると考えるべきであろう．いずれにせよ，このブランド絆感尺度の作成によって動物園に対する意識や行動を支える心理学的メカニズムの解明作業の基礎的道具が獲得できたといえよう．

3　大阪市天王寺動物園の未来

ここでは，大阪市の中心部に位置する大阪市天王寺動物園に注目して，この動物園が抱える問題点と今後の展望について論じよう．

1. 大阪市天王寺動物園101計画

開園101年目を迎えるにあたって，大阪市天王寺動物園では次の3つの基本コンセプトから成る「天王寺動物園101計画」が策定さ

れた（大阪市天王寺動物園, 2016b). ① 大都市大阪にふさわしい都市型動物園, ② 憩い・学び・楽しめる都心のオアシス, ③ 動物本来の行動を引き出す進化型生態的展示. この基本コンセプトを実現するために,「活性化計画」と「機能向上計画」が提案された.

「活性化計画」は, 次の3つの枠組みから構成される. ① 魅力あるコンテンツの開発とその発信, ② 顧客視点からの魅力向上策の展開, ③ 外部からの連携・協働による動物園の活性化. また,「機能向上計画」は, 次の3つの枠組みから成る. ① 飼育管理機能の向上, ② 社会教育機能の向上, ③ 調査研究機能の向上.

さらに,「施設整備計画」や,「経営計画」も立案された. 前者では, これまでの生態的展示（動物が自然に近い環境で暮らす様子の再現）に加え, 進化型生態的展示（動物本来の活発な行動の喚起）への発展が意図されている. 後者では, 入園者数の増加（ネーミングライツや寄付なども含む）などによる収入増加と支出削減による経営改善が目指される.

2. 大阪市天王寺動物園と周辺地域との接続

大阪市天王寺動物園は交通の利便性から見ると立地条件がきわめて良いといえる（南東方向にJR天王寺駅・近鉄大阪阿倍野橋駅があり, 南西方向に地下鉄御堂筋線動物園前駅, 北西方向に地下鉄堺筋線恵美須町駅）. さらに, 動物園の西方向に新世界地域が隣接し（図1-4-a）, 南東方向にはあべのキューズタウン, Hoopやあべのハルカスなどの大商業地域が位置している（図1-4-b）. この点でも, 大阪市天王寺動物園の立地は集客上きわめて有利であるといえる. さらに, 2015年秋には天王寺公園南東部が再整備され, サッカーコートやカフェなどの

施設が備わった「てんしば」エリアとして生まれ変わった（近鉄不動産, 2015）。これによって，南東方向からの大阪市天王寺動物園への移動はより快適なものとなった（図1-4-c, 図1-4-d, 図1-4-e）。

しかしながら，新世界地域方向からの動物園へのアクセスについては次のような問題点を挙げることができる．阪岡（2013）は地域再生と地域ブランドの観点から，新世界地域と大阪市天王寺動物園を一体とした集客戦略を提起している．阪岡によれば，新世界地域は，「串カツ」を中心とした飲食街や観光名所としての通天閣など「コテコテで楽しい雰囲気」を楽しむ場所である（図1-4-f, 図1-4-g）．つまり，このことが動物園との接続にどのような肯定的影響をもつのかを考慮しなければ，阪岡が主張するような一体性が生じるかは曖昧であろう．さらに言えば，先述した南東方向の雰囲気（若者が集うゾーン）と対照的である．つまり，あべのキューズタウン，Hoopやあべのハルカスなどに代表されるゾーンは，若者にとって都市イメージを喚起する．例えば，若者に人気のあるバンド〈ヤバイTシャツ屋さん〉(2016) による曲『天王寺に住んでる女の子』では，「天王寺に住んでる私は　いい女だね／全部いい思い出だね　きっと　いい思い出だね／天王寺に住んでる私は I'm a modern girl… I'm a modern girl.」と歌われる．しかし，この動物園が立地する地域は，歴史的に異なる側面も孕んでいるのである．

阪岡（2013）が指摘しているように，新世界地域は南西方向に位置する西成・あいりん地区のイメージの影響を被っている．つまり，このあいりん地区では，1973年までに頻繁に暴動が勃発していたが，その後は3回しか起きていない（1990年，1992年，2008年）．しかしながら，通天閣をランドマークとする新世界地域は，この暴動による

図1-4-a　大阪市天王寺動物園内から見た通天閣の夜景
2016年8月20日　著者撮影.

図1-4-b　大阪市天王寺動物園内から見たあべのハルカスの夜景
2016年8月20日　著者撮影.

図1-4-c 「JR天王寺」駅側からのアクセス
2016年10月30日 著者撮影.

図1-4-d 「てんしば」エリア
2016年10月30日 著者撮影.

図1-4-e 「てんしば」エリア側からの入園口
2016年10月30日 著者撮影.

1 動物園におけるブランド絆感の構築を目指して　29

図1-4-f 「新世界」から大阪市天王寺動物園へのアクセス
2016年10月30日　著者撮影.

図1-4-g 「新世界」側からの入園口
2016年10月30日　著者撮影.

否定的イメージを長きに渡って被っていた.そもそも新世界地域は,酒井(2011)によれば,戦前の「第五回内国勧業博覧会」(1903年開催)の「約一〇万坪におよぶ跡地利用」として「ルナパーク」や通天閣(軍需資材提供のために戦時下の1943年に解体されたが,その後1956年に再建)を中心に1912年にオープンした.「凱旋門の上にエッフェル塔をのせた風体の初代通天閣を中心に,北へ放射状に三つの通りが拡がっており,これらの通りと南のルナパークによって基本的に新世界が構成され」,「パリとニューヨークの強引で可愛らしくもある奇想天外な混成体」(酒井,2011)であった.

ところで,新世界地域にあるカフェ「Gallery Cafe ＊Kirin＊」(2013年9月開店～;Gallery Cafe ＊Kirin＊,2018)では,大阪市天王寺動物園や他の動物園(札幌・円山動物園など)のスタッフによるトークイベントが不定期に催されている(**図1-4-h**).このカフェの雰囲気は,新世界と異なり静寂で落ち着いており,さらに洒落たレイアウトもあって,女性を中心とした客が多い.新世界地域の喧噪とはきわめて対照的な場所となっている.店内には,動物をモチーフにした芸術作品が数多く展示され,出展者の中には国内外の動物園にも関わりのある人もいる.このカフェは,まさに阪岡(2013)が提案する大阪市天王寺動物園と新世界地域の接続機能を果たしているといえるかもしれない.ただし,このカフェの雰囲気をもつ飲食店やブティックなどは周辺には見当たらず,新世界地域独特の雰囲気に埋もれてしまっている印象は否めない.つまり,この新世界地域には,1960年に公開された大島渚監督による『太陽の墓場』(大島,1960)で描かれた「愚連隊,暴力団,売春婦,日雇い人夫,寄せ屋,屑拾いなど,いわゆる『ルンペン・プロレタリアート』の群れの織りな

図1-4-h 「新世界」地域にある「Gallery Cafe ＊Kirin＊」
2016年9月10日 著者撮影.

す世界」(酒井, 2011) のイメージが今なお残存しているともいえる.

なお，上述した周辺環境の整備に加え，2017年10月には動物園内の既存施設もリニューアルされ（「ZOO RESTAURANT」(旧しろくまレストラン)，レッサーパンダショップ（旧レッサー売店），「ANIMAL SHOP」(旧南売店))，入園者に対するイメージアップが図られた（あべの経済新聞, 2017；産経WEST, 2017；図1-4-i, 図1-4-j). 同園の人気者ホッキョクグマをイメージした「しろくまカレー」や，後述する奇跡のニワトリ「まさひろくん」(第3章) をイメージした「マサヒロソフト」などが販売されている.

3. 大阪市天王寺動物園のゆくえ

女子大学生を対象とした調査では，まず次の2点が浮き彫りになった. ①動物園・水族館施設に対する来園経験がおおむね認め

図1-4-i 天王寺動物園における「ZOO RESTAURANT」
2018年1月21日 著者撮影.

図1-4-j 天王寺動物園における「ANIMAL SHOP」
2018年1月21日 著者撮影.

られた．ただし，東京ディズニーランドやユニバーサル・スタジオ・ジャパンのようにきわめて多くの者が訪れているわけではない（諸井・濱口，2009；諸井ら，2015）．②施設の立地と来園者のすまいとの関連を見ると，近隣施設に訪れる傾向が高い．例えば，関西在住者が千葉県にある東京ディズニーランドをたびたび訪れるのとは対照的である（諸井・濱口，2009；諸井ら，2015）．以上の2点から，動物園は，娯楽性や非現実経験を特徴とするテーマパークとは異なり，来園自体にはあまり移動コストをかけない側面があることに留意しなければならない．例えば，大阪市天王寺動物園が試みた来園者調査でも（2015年実施，回答者数1003名：大阪市天王寺動物園，2016b），大阪府下の者が72.7％であり，園内滞在の時間は3時間以内の者が52.1％であった．以上の事実は，ある種の近隣にある親しみやすい公園という側面をこの動物園がもつことを示している．したがって，先述した交通立地上の長所と大都市圏での立地（大阪市：271万4710人〈2017年12月現在〉（大阪市，2017）／大阪府：883万2548人〈2017年12月現在〉（大阪府，2018））を考慮すると，大阪市天王寺動物園は，本来の動物園の機能に加え，市民や府民の癒しや憩いの場としての機能も果たすことによって，さらなる集客を見込むことができるかもしれない．

　また，調査ではブランド絆感の測定も試みたが，大阪市天王寺動物園に対する評価は尺度中性点付近であった．巨大テーマパークを対象とした研究での知見に基づくと（諸井・濱口，2009；諸井ら，2015），このブランド絆感は反復来園の強い決定因であった．このことから，この動物園に対するブランド絆感の高揚が重要となる．大阪市天王寺動物園内での種々の工夫（施設の雰囲気，動物の種類や展示方法，ナイトZOOなどのイベントなど）に加え，この動物園と近隣地

域との連結による地域全体のブランド化が必要となる(例えば,阪岡(2013)による「ミナミゴールデン構想」).しかしながら,動物園に近接した新世界地域とJR天王寺駅や近鉄大阪阿倍野橋駅を中心とする大商業地域は,先に述べたように,異質な雰囲気をもつゾーンであることを留意すべきであろう.

そのため,大阪市天王寺動物園を中心に考えると,① 2地域のいずれかとの連結感を高める,② 異質な2地域の特長を活かした形での連結感を高める,という2方策が可能になる.これは,どのような客層を期待して動物園内の工夫を図るかと関わってくる.例えば,①の場合には,南東方向の大商業地域との仲立ち機能をもたせるような形で「Gallery Cafe ＊Kirin＊」のような飲食店舗ゾーン(「てんしば」の充実)を設けていくことを提案できよう.②の場合には,新世界地域がもつ「コテコテで楽しい雰囲気」を園内にも積極的に取り組んでいくことになる.

4 動物園研究への旅立ちへ

本章では,動物園研究の意義にはじまり,ブランド絆感の測定を中心とした質問紙調査での知見や,大阪市天王寺動物園を中心とした観察的所見について論述した.しかしながら,最近新たに大阪市周辺部に出現したNIFRELなどの飲食やショッピングを付加した屋内型施設の意義には言及しなかった.後述する地方動物園の現状も含めながら(第4章,第5章),動物園への来園の基底にある心理学的メカニズムの解明や,動物園のあり方に関する種々の立案を目指して,今後も研究を継続していくべきであろう.

[付記]
(1) 本章で言及した質問紙調査の実施と整理にあたり，板垣美穂さん（生活デザイン専攻修士課程2012年度修了）の助力を得た．記して感謝致します．
(2) 大阪市天王寺動物園・園長の牧 慎一郎氏には，『天王寺動物園101計画』などを直接ご教示頂いた．記して感謝致します．
(3) 本章は，『生活科学』（同志社女子大学）誌に掲載した論文に基づいている（「動物園の社会心理学（１）――動物園におけるブランド絆感の構築を目指して――」，『生活科学』（同志社女子大学），2016，**50**，1 -12.）．

引用文献

Bacon, Francis 1627 *New Atlantis* 川西進（訳）『ニュー・アトランティス』岩波文庫，2003.

土居利光 2012「生物多様性と動物園・水族館の役割」羽山伸一・土居利光・成島悦雄（編著）『野生との共存――行動する動物園と大学――』地人書館，25-36.

Foucault, Michel 1975 *Surveiller et Punir: Naissance de la Prison*, Gallimard. 田村俶（訳），1977『監獄の誕生――監視と処罰――』新潮社.

福沢諭吉 2009『西洋事情』（Marion Saucier・西川俊作（編））岩波文庫.

Hosey, G., Melifi, V., & Pankhurst, S. 2009 *Zoo Animals: Behavior, Management, and Welfare*, Oxford University Press. 村田浩一・楠田哲士（監訳）2011『動物園学』文永堂.

堀秀正 2014「動物園の飼育管理学」村田浩一・成島悦雄・原久美子（編）『動物園学入門』朝倉書店，64-67.

石田戢 2010『日本の動物園』東京大学出版会.

石田戢 2013「動物と動物園」石田戢・濱野佐代子・花園誠・瀬戸口明久（共著）『日本の動物観――人と動物の関係史――』東京大学出版会，226-235.

松井陽通 1987「広告管理のための新指標――ブランド絆尺度――」『広告科学』，**15**，39-58.

諸井克英・濱口有希子 2009「テーマパークに対する意識と行動――ユニバーサル・スタジオ・ジャパンと東京ディズニーランドの場合――」『学術

研究年報』(同志社女子大学), **60**, 51-63.

諸井克英・足立佑夏・福田紘子 2015「テーマパークに対する意識と行動（２）——東京ディズニーランドが喚起する非現実感の心理学的働き——」『学術研究年報』(同志社女子大学), **66**, 127-138.

村田浩一 2014「序論——動物園学とは——」村田浩一・成島悦雄・原久美子（編）『動物園学入門』朝倉書店, 1-5.

恩賜上野動物園 1982『上野動物園百年史』第一法規出版株式会社.

大阪市天王寺動物園 2016a『天王寺動物園100年の足あと』大阪市天王寺動物園.

大阪市天王寺動物園 2016b『天王寺動物園101計画——おもろい・あきない・みんなの動物園をめざして——』.

大島渚 1960『太陽の墓場』松竹〈DA-5924〉(DVD).

酒井隆史 2011『通天閣——新・日本資本主義発達史——』青土社.

阪岡裕貴 2013「集客戦略による地域再生と地域ブランド——新世界・天王寺動物園エリアを事例として——」『創造都市研究e』(大阪市立大学大学院創造都市研究科電子ジャーナル), **8**(**1**), 1-20.

佐々木時雄 1987『動物園の歴史』講談社学術文庫.

新村出（編）2018『広辞苑第七版』岩波書店.

渡辺守雄 2000「メディアとしての動物園——動物園の象徴政治学——」渡辺守雄他『動物園というメディア』青弓社, 9-52.

ヤバイTシャツ屋さん 2016『We love Tank-top』ユニバーサルミュージック〈UMCK-1558〉(CD).

[インターネット]

あべの経済新聞 2017「天王寺動物園のレストランがリニューアル　マサヒロソフト，しろくまカレーも」*https://abeno.keizai.biz/headline/2682/*〈2018年1月7日閲覧〉.

電子政府の総合窓口 2018「博物館法」*http://elaws.e-gov.go.jp/search/elawsSearch/ elaws_search/lsg0500/detail?lawId = 326AC1000000285 &openerCode = 1#5*〈2018年1月7日閲覧〉.

Gallery Cafe ＊Kirin＊ 2018　*http://www.gallerycafekirin.net/*〈2018年1月7日閲覧〉.

『月刊レジャー産業資料』8月号（NO.599）2016　*http://sogo-unicom.co.jp/leisure/image/201608n1.pdf*〈2016年9月7日閲覧〉.

近鉄不動産 2015「生まれ変わる天王寺公園エントランスエリア　愛称は「て

んしば」に決定」〈プレスリリース：2015年7月15日〉*http://www.kintetsu-re.co.jp/wp/wp-content/uploads/2015/07/ tennnoujipark.pdf*〈2016年9月18日閲覧〉.

日本動物園水族館協会　2016「JAZAについて」*http://www.jaza.jp/about_sosiki.html*〈2016年9月20日閲覧〉.

大阪府　2018「大阪府の毎月推計人口」*http://www.pref.osaka.lg.jp/toukei/jinkou/*〈2018年1月14日閲覧〉.

大阪市　2017「最新の人口」*http://www.city.osaka.lg.jp/toshikeikaku/page/0000014987.html*〈2018年1月14日閲覧〉.

産経WEST　2016「天王寺動物園，入園者数がV字回復　100周年記念イベントなど影響」*http:// www.sankei.com/west/news/160305/wst1603050047-n1.html*〈2016年9月8日閲覧〉.

産経WEST　2017「天王寺動物園のリニューアルオープン　奇跡のマサヒロもメニューに…」*http://www.sankei.com/west/news/171015/wst1710150046-n1.html*〈2018年1月7日閲覧〉.

[楽曲]

『天王寺に住んでる女の子』（作詞・作曲　こやまたくや）ヤバイTシャツ屋さん，2016，（JASRAC⊕1808034-801）．

動物園で飼育されている動物に対する性格特性の推測

2

1 動物に対する性格特性の推測を生みだす心理学的メカニズム

1. 本章のねらい

　性格とは,「広辞苑」(新村, 2018) によると「各個人に特有の, ある程度持続的な, 感情・意志・認知の面での傾向や性質」を表している. この性格に関する心理学的な捉え方として次の2通りの基本的方法がある. ①性格類型論〈「一定の原理に基づいて, 典型的な性格を設定し, それによって多様な性格を分類」する方法〉, ②性格特性論〈「一貫して出現する行動傾向やそのまとまり」である特性を構成単位とし, 各特性の組み合わせによって人間の特徴を記述する方法〉(杉若, 1999). このような性格概念は, 心理学研究者によってのみ保有されているわけではなく, 日常的に一般の人々によって素朴ではあるが抱かれている. つまり, 日常的な他者との相互作用経験から自己や他者の性格が導き出され, 相互作用の円滑化や発展のために役立てられる.

　動物園がもつ社会心理学的働きの一端を実証的に解明するために, 性格概念を媒介にして次のことを検討した. 動物園での様々な飼育動物との接触経験の中で当該動物に対する性格の推測が生じ,

日常生活における他者との接触経験と類比した感覚が生じているのではないかということである．つまり，前述した心理学研究の中で認められている性格の側面を動物園で出会う様々な動物にも適用することによって動物園を訪れることに社会心理学的意義を見いだしていると仮定できよう．例えば，〈ECHOES〉による名曲『ZOO』では，人々が暮らす街と動物園が重ね合わされ，動物園と飼育されている様々な動物と人々との類比が試みられる（「……遠慮しすぎのメガネザル ヘビににらまれたアカガエル／ライオンやヒョウに 頭下げてばかりいるハイエナ……」；ECHOES, 1989）．

ここでは，ブルーナーとタジウリ（Bruner & Tagiuri, 1954；諸井,1995参照）によって提起された暗黙の性格観（implicit personality theory）という考えに依拠しよう．彼らによれば，人は，外見，行動，および性格特徴に関する様々な特性間についての結びつきに関する何らかの考えを抱いており，それが他者を認知する際にも適用される．つまり，人のもつ特性間の結びつきに関する信念体系が一般の人々によって日常的に抱かれている．手相や血液型による性格診断も，それが真実かどうかは別にして，人々が日常的に抱く暗黙の性格観の構成要素となる．この暗黙の性格観という考えは，動物に対する性格推測にも適用できると思われる．例えば，動物園を訪れた者は，そこで飼育されている様々な動物の外形的特徴や仕草から上記の暗黙の性格観システムを作動させ，特定の性格を推測するに至るかもしれない．このことを図2-1に表す．

2．動物に性格は存在するのか

先述したように，心理学においては人間の性格に関する研究が古

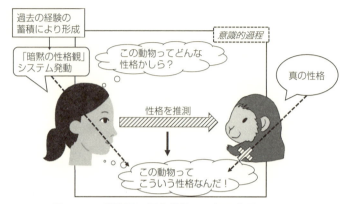

図2-1　動物園の飼育動物との相互作用における「暗黙の性格観」システムの働き

くから営まれていた．では，動物を研究対象とする分野では，性格概念はどのように扱われているのであろうか．例えば，ハート (Hart, 1995) は，服従訓練審査員や小動物獣医師に (各48名)，13項目の行動特性ごとに56犬種から無作為に選んだ7犬種の順位づけを求めた．①犬種間における行動特性の差異や②行動特性の次元が明らかにされた．①については，「興奮性」や「一般的な活動性」では犬種間の大きな差異が認められ，「トイレのしつけのしやすさ」や「破壊行動」では差異があまり見られなかった．②については主成分分析により次の基本的な3次元が抽出された．ⓐ反応性（愛情欲求，興奮性，無駄吠え，子どもに噛みかかる，一般的な活動性），ⓑ攻撃性（縄張り防衛，警戒咆哮，犬に対する攻撃性，飼い主に対する支配性），ⓒ訓練性能（服従訓練性能，トイレのしつけのしやすさ），ⓓ残余（破壊行動，遊び好き）．ここでは，日本における研究状況を中心に概観しよう．

いち早く，伊谷 (1957) は，飼育舎内の行動観察に基づきニホン

ザルにおける個体差すなわち性格の存在について言及した．さらに，野生のニホンザルの群れにおける行動の共通性から文化的性格（cultural personality）や，様々な群れのボスが示す行動上の差異に基づく地位上の性格（status personality）の可能性について論じた．

今野・長谷川・村山（2014）は，動物における性格の存在に関する先行研究を概観し，①「動物パーソナリティ心理学アプローチ」と②「行動シンドローム研究アプローチ」に大別されることを指摘した．①では，もともと人間を対象に想定されている性格概念の動物への適用可能性に関する検討を中心に行われている．動物の行動に関する系統的な指標記録に基づき，特定の性格次元が抽出される．他方，②では，進化の概念を軸にして生物学的な方法に基づき動物の性格概念が検討される．なお，行動シンドロームとは，「互いに相関する複数の行動のまとまり」や「複数の状況または文脈の間に見られる行動の相関」を指す．このアプローチでは，動物の観察や実験から得られる行動データが中心となる．

まず，①の「動物パーソナリティ心理学アプローチ」に該当する研究をいくつか挙げよう．平芳・中島（2009）は，イヌの飼い主がそのイヌの性格特徴をどのように判断しているかを検討した．彼らは人の性格表現語に関する先行研究で用いられた用語に関してイヌの性格表現に使えるかどうかを男女大学生に判定させた．これに基づいて200の性格表現用語を用いてイヌの飼い主にそのイヌの性格特徴を5件法で評定させた．なお，飼いイヌが1歳未満である場合には除外し，10代から70代までの217名が分析対象とされた．事前に評定の偏りがある項目25語が除外され（平均値が4以上もしくは2以下），残りの175語を対象に因子分析（主因子法，プロマックス回転）

が実施され5因子解が採択された．各因子は，攻撃性（他者に対し反抗する傾向），臆病さ（気の弱さ），外向性（明るく社交的な様），知性（忍耐や賢さ），および緩慢さ（反応速度の遅さ）と命名された．平芳・中島（2009）は，これらの5因子がBig Fiveモデル（柏木, 1997）とほぼ対応すると結論した（外向性 → 共通, 攻撃性 → 調和性, 臆病さ → 神経症傾向, 知性 → 開放性, 緩慢さと誠実性は非対応）．

なお，平芳・中島（2009）は，イヌの飼い主に使用した同じ尺度を用いて男女大学生に友人1名の性格特徴を評定させた．同一の手順で因子分析を行い，自己中心性，剛胆さ，外向性，臆病さ，および穏やかさと名付けられた5因子を抽出した．つまり，飼いイヌと人に対する性格特徴の認知的次元はおおむね類似しているが，各因子に含まれる特徴に違いが見られた．

今野・仁平（2008）は，性格概念よりも「行動の形式的特徴や行動スタイル」と定義される気質（temperament）概念のほうが動物に合致すると考えた．気質概念は，もともと人間の乳幼児を対象として提起された概念である．イヌやネコの飼い主に104項目から成る気質評定尺度上でイヌやネコの評価をさせた（13側面, 各8項目）．信頼性係数に基づき，10側面が採用された（活動水準, 気分の質, 接近/回避, 攻撃性, 慣れやすさ, 要求・支配性, 反応の強さ, 知性, 感覚の閾値, 愛着）．これらの得点に基づき，対象となったイヌやネコは，「扱いやすい気質」，「扱いにくい気質」，および「おずおずした気質」の3タイプに分類された．イヌの種類との関連を見ると，「扱いやすい気質」にはレトリバー（6/12頭）やダックスフント（6/21頭）などが比較的多く含まれていたが，顕著な関連は全体としてみられなかった．

次に，②の「行動シンドローム研究アプローチ」に該当する研究について述べよう．都築（2001）は，人間における分子遺伝学的知見と性格との関連づけの研究に基づき，動物の性格の存在可能性について言及している．つまり，人間におけるD4DRという遺伝子型と新奇性追求傾向との関連から，他の霊長類についても同様の可能性があることを指摘した．また，藪田（2007）は，イヌ以外の動物の性格に関する先行研究を概観し，「大胆さ―用心深さ」という性格特性の一般的可能性について論じた（パンプキンシード・サンフィッシュの幼魚，オオツノヒツジ，イベリアイワトカゲ，トゲウオなど）．彼は，さらに，仔オオカミやイヌの性格についても言及し，遺伝子メカニズムの解明の重要性についても指摘した．

上述の①や②とは異なる研究の流れもある．中島（1992）は，男女大学生を対象に60種類の動物名称を示し（哺乳類，鳥類，爬虫類・両生類，魚類，昆虫類），各動物の知能を評定させた（人間の知能を100とした）．結果を見ると，チンパンジーが最も高く，アメーバが最も低く，「大進化」にほぼ適応していた．また，橋本・宇津木（2011）は，動物の中に「こころ」の働きに関する存在認知と認知者の攻撃性傾向や共感性傾向との関連について男女大学生を対象に検討した．動物に心性（心理学的働き）を認めない者ほど攻撃性が高く，共感性が低い傾向が窺われた．

3. 動物園・動物と人間との類比経験

ところで，京都市動物園では，京都大学野生動物研究センターと連携して，チンパンジーやサルが知性をもつことを来園者が実感できるような展示を試みた（「知性の展示」；田中，2016）．これは，動物

園来園者が遭遇した様々な動物を単に見るだけでなく、日常で営んでいる対人的相互作用の場合と同様に、様々な動物がもつ性格を推測していることを利用しているといえる。動物園や研究者側の教育的意図とは別に、動物園来園動機が様々な動物との出会いにおける性格推測にそもそも由来している可能性を示唆している。

先述した平芳・中島（2009）の研究は、飼育しているイヌとの交流が飼育者にとって対人的経験と同等になっていることを示している。そもそも動物園で飼育されている様々な動物の特徴がどのように推測されるのかを探ることは人にとっての動物園の存在意義を探究する上で重要な作業といえよう。

4. 仮説の設定

ここでは、動物園で飼育されている動物の性格を推測させたときに、系統的に性格次元が抽出されるかを検討する。その際、性格心理学研究における特性論の流れで近年有力視されている5因子モデル（Five Factor Model, 柏木, 1997；Big Fiveとも呼ばれる）に沿って検討を試みる。なお、この5因子の特定化については研究によって若干異なるが（柏木, 1997）、ここでは、後述する和田（1996）が抽出した5次元に依拠する。和田は性格の自己評価に基づいているが、この調査では同性親友に対する性格評価をさせ、この評価が5次元構造を示すかを確認する。動物園動物の性格推測はいわば他者評価に該当するからである。したがって、もともと自己評価で得られた5次元が他者評価でも再現されるかを確認する必要がある（仮説Ⅰ）。

仮説Ⅰ：同性親友に対する性格評価は、自己評価と同じ5次元構造

を示すだろう．

　もしも動物園で飼育されている動物に直面した時に，動物の外見や仕草から人間と同様の性格の存在を仮定すると思われる．つまり，元々人間の性格推測のために培われた暗黙の性格観システム (Bruner & Tagiuri, 1954；諸井，1995) が作動し，人間と同様の性格次元が用いられるだろう（仮説Ⅱ）．

仮説Ⅱ：動物園で飼育されている動物に対する性格評価は，自己評価と同じ5次元構造を示すだろう．

　ところで，共感性とは，「他者の情動状態を知覚することに伴って生起する代理的な情動反応 (vicarious affective response)」のことである（相川，1999）．この共感性を多次元的に取り扱ったデイヴィス (Davis, 1994) によれば，共感性は次の4側面から構成される．①視点取得（日常生活で自発的に他者の心理的立場を取ろうとする傾向），②共感的配慮（不幸な他者に対して同情や憐れみの感情を経験する傾向），③個人的苦痛（他者の強い苦痛に反応して，自分も苦痛や不快の経験をする傾向），④想像性（想像上で自分を架空の状況の中に移し込む傾向）．ここでは，視点取得に注目すると，日常的にこの傾向が高い者は，動物に対しても自分や他の人々と同様に性格の存在を推論しがちであると仮定できよう（仮説Ⅲ）．先述した橋本・宇津木 (2011) による知見もこの仮説と一致している．

仮説Ⅲ：視点取得傾向が高い者ほど，動物園で飼育されている動物に対する性格評価を強く行うだろう．

以上の3つの仮説を検討するために,女子大学生を対象とした質問紙調査を行った.なお,本来は動物園での接触時点で当該動物の性格推測を尋ねるほうが適切である.しかし,この調査が上述した目的のための出発点にあることなどを踏まえ,実際の調査可能性を考慮して質問紙形式を採用した.

2 調査のデザイン

1. 調査の対象と実施

D女子大学での社会心理学の講義を利用して,質問紙調査を実施した(2016年11月10日,13日).回答にあたっては匿名性を保証し,質問紙実施後に調査目的と研究上の意義を簡潔に説明した.

青年期の範囲を逸脱している者(25歳以上)と同性親友がいないと回答した者を除き,以下の尺度に完全回答した305名を分析対象とした(1年生165名,2年生13名,3年生119名,4年生8名).平均年齢は19.60歳($SD=1.16$,18〜22歳)であった.

2. 質問紙の構成

質問紙は,回答者の基本的属性に加え,①視点取得尺度,②同性親友の性格推測尺度,③呈示動物の性格推測尺度から構成されている.

(1) 視点取得尺度

回答者の視点取得傾向の程度を測定するために,デイヴィス(1994)の対人的反応指標を利用した.デイヴィスは共感を多次元的に測定するために,上述の4側面を測定する尺度(各7項目)を開

発した．桜井（1994）は，この尺度の日本語版を作成し，男女大学生に実施した．因子分析によって，女子についてはデイヴィスと同様の4因子を抽出したが，男子の場合には視点取得と共感的配慮の側面が分離せず3因子を得た．今回の調査では，デイヴィスが得た4側面のうち視点取得に注目し，7項目から成る視点取得下位尺度のみを実施した．この6ヵ月間の回答者の行動や気持ちを想起させ，各7項目にあてはまる程度を4点尺度で回答させた（「4．かなりあてはまる」～「1．ほとんどあてはまらない」）．

(2) 同性親友の性格推測尺度

① 同性親友の同定

回答者がもつ同性の友だちのうちで「もっとも親しい人」（以下，親友と称する）を一人思い浮かべさせ，そのイニシャルを記入させた．

② 同性親友の性格推測

イニシャルを記した親友の性格を以下のようにして推測させた．このために，和田（1996）が作成したBig Five尺度を利用した．この尺度は，性格の基本的次元を測定するために開発され，外向性，神経症傾向，開放性，誠実性，および調和性の5次元が和田によって抽出された．各次元の測定のために，それぞれ12個の性格用語が用いられている．別の研究目的のために，諸井・早川・板垣（2014）や諸井・坂元（2014）は，このBig Five尺度を用いて女子大学生に自己評価を行わせ，因子分析により和田（1996）と同じ5次元性を確認した．ただし，各次元に属する12項目が完全に再現された訳ではなかった．

そこで，これらの研究（諸井・早川・板垣，2014；諸井・坂元，2014）の因子分析の結果に基づいて，当該次元での因子負荷量の大きさを

表 2-1 刺激として呈示した動物一覧

記号	動物名	飼育動物園
a	ヒツジ	大阪市天王寺動物園
b	レッサーパンダ	神戸どうぶつ王国
c	カピバラ	神戸どうぶつ王国
d	インドゾウ	神戸市立王子動物園
e	ユキヒョウ	神戸市立王子動物園
f	ワオキツネザル	神戸どうぶつ王国
g	ライオン	大阪市天王寺動物園
h	ジャイアントパンダ	神戸市立王子動物園
i	クロサイ	大阪市天王寺動物園
j	オウサマペンギン	神戸市立王子動物園
k	チンパンジー	大阪市天王寺動物園
l	ミルキーワシミミズク	神戸どうぶつ王国
m	メガネグマ	大阪市天王寺動物園
n	アルパカ	神戸どうぶつ王国
o	ニホンジカ	大阪市天王寺動物園
p	ムフロン	姫路セントラルパーク

考慮して項目を選定した(各次元6項目).これは,親友の性格評定と呈示動物の性格評定を反復するために,できるだけ回答者の評定負担を経験するためでもある.最終的に選定された30項目それぞれが親友の特徴にあてはまるかどうかを4点尺度で回答してもらった(「4.かなりあてはまる」~「1.ほとんどあてはまらない」).

(3) 呈示動物の性格推測尺度

① 動物写真の呈示

関西地区にある動物園で飼育されている様々な動物を写真に撮り,16種類の動物の写真(**表2-1**)をA4横の用紙にカラー印刷し,回答者にランダムに1種類だけ呈示した.その際,動物の名称は記

さなかったが，動物園で飼育されている動物であることを顕在化するために，動物園の名称のみを記載した（**図2-2**）．16種類の写真にはaからpまでの英文字を付したが，回答者には確認のためその英文字を教示用紙に記入するように求めた．

② 呈示動物の性格推測

呈示された動物を見て，その動物がもっている特徴を回答するように指示した．親友の性格推測の際に用いた項目と同じ30項目について回答させた．30項目それぞれが，呈示された動物の特徴にあてはまるかどうかを4点尺度で回答してもらった（「4．かなりあてはまる」～「1．ほとんどあてはまらない」）．

なお，以上の3尺度それぞれでの評定順の効果を次のようにして相殺した．視点取得尺度では1頁の前半と後半で項目を入れ替えた2種類の質問紙を用意した．性格推測のための2尺度については，尺度ごとに評定用紙を頁単位（3頁）で無作為に並び替えた．

図2-2　呈示動物の例

3 動物園・動物はどのように見られているのか

1. 回答者の限定

親友の性格評定を行う前に，親友のイニシャルを記入させたが，親友がいない回答者には×印を付けるように指示した．その結果，316名中11名が×印を記した．そこで，2尺度の全項目について親友がいない者といる者で平均値に差があるかを検討した（t検定）．視点取得尺度では，どの項目においても有意差は見られなかった．呈示動物の性格推測尺度の場合には，2項目（「bf_a_4 いい加減な」，「bf_b_10 弱気になる」）でのみ有意差が得られ，親友がいない者の平均値が高かった．とりわけ，視点取得傾向の差がまったくなかったことから，以下の分析では親友がいる者305名を分析対象とした．

2. 各尺度の検討

(1) 分析の手続き

3つの尺度について，まず尺度項目ごとに平均値の偏り（$1.5 < m < 3.5$）と標準偏差値（$SD \geq .60$）のチェックを行い，不適切な項目を除外した．次に，親友の性格推測尺度と呈示動物の性格推測尺度では，先行研究（和田, 1996；諸井ら, 2014；諸井・坂元, 2014）で5次元性が仮定されているので，因子分析（最尤法, プロマックス回転〈$k = 3$〉）を行った．まず，初期解での初期共通性（$\geq .25$）を確認したうえで，初期因子固有値≥ 1.00を満たす解をすべて求め，プロマックス回転後の負荷量|.40|を基準に解釈可能な因子解を同定した．その際，① 特定因子の負荷量が十分に大きく（絶対値$\geq .40$），② 他因子への負荷

が小さい（絶対値＜.40）という基準に一致しない項目を除き再度分析を行い，明確な負荷量パターンが得られるまで反復した．最終的に，因子負荷量に基づき下位尺度項目を選別し，信頼性チェックを行った上で構成項目平均値を下位尺度得点とした．

単一次元性が仮定されている視点取得尺度では，得点が高いほど視点取得が高くなるように得点を調整し，主成分分析での未回転第Ⅰ主成分負荷量（絶対値≧.40）を基準に不適切な項目を除去した．最終的に項目－全体相関分析と α 係数値により単一次元性を確認し，項目の平均値を尺度得点とした．

(2) 視点取得尺度

7項目すべてで項目水準での分析では良好であった．視点取得が高いほど高得点になるように2つの逆転項目の得点調整を行った．7項目を対象とした主成分分析では，全項目の未回転第Ⅰ主成分負荷量が十分に高く（.52〜.72），41.66％の説明率であった．次に，当該項目得点と当該項目を除く合計得点との間のピアソン相関値を見ても適切であり，α 係数も十分であった．そこで，7項目の平均値を視点取得得点とした（**表2-2**；$m=2.91$, $SD=0.46$）．

(3) 親友の性格推測尺度

項目平均値が低かった2項目を除き，28項目を対象に因子分析を行った．2〜6因子解を検討し，明確な負荷量パターンを示した5因子解を採用した（**図2-3**）．負荷量の正負を考慮して，それぞれ「Ⅰ．神経症傾向」，「Ⅱ．非調和性」，「Ⅲ．非誠実性」，「Ⅳ．開放性」，「Ⅴ．外向性」と命名した．これらの5因子は先行研究（和田，1996）と一致している．下位尺度の信頼性も良好であったので，下位尺度ごとに構成項目の平均値を求め，下位尺度得点とした．

表2-2　視点取得尺度の単一次元性の検討

pt_a_1　私は，他の人の立場から物事を考えることが苦手である．*

pt_a_2　私は，何かを決める時には，自分と反対の意見を十分に聞くようにしている．

pt_a_3　私は，友だちが行っていることを理解するために，その友だちの立場になって考えようとする．

pt_a_4　私は，自分の判断が正しいと確信している時には，他の人たちの意見を聞かない．*

pt_b_1　私は，どんな問題にも対立する2つの見方や意見があると思うので，その両方を考慮するように努める．

pt_b_2　私は，誰かに腹を立てることがあっても，その人の立場になってみようとする．

pt_b_3　私は，誰かを批判する前に，もし自分がその人だったらどう感じるかを想像してみようとする．

$N=305$
注1）*は逆転項目
注2）この7項目それぞれに，4点尺度で回答させる（「4．かなりあてはまる」，「3．どちらかといえばあてはまる」，「2．どちらかといえばあてはまらない」，「1．ほとんどあてはまらない」）．逆転項目では回答値を逆にした上で，7項目の回答値の平均値を視点取得得点とする．
注3）主成分分析における未回転第Ⅰ主成分の説明率41.66％（単一の成分で現データの4割以上を説明可能）
注4）Cronbachのα係数値=.75（この値が1に近いほど構成項目が同一の心理学的概念を測定していることを示す）
注5）305名の平均値2.91，標準偏差値0.46．

表2-3　親友の性格評定における5下位尺度得点に関する2次因子分析（最尤法，直交回転）——回転後の負荷量——

	Ⅰ	Ⅱ
fr_Ⅰ_神経症傾向	−.16	.05
fr_Ⅱ_非調和性	−.19	**.98**
fr_Ⅲ_非誠実性	.06	.14
fr_Ⅳ_開放性	.21	.13
fr_Ⅴ_外向性	**.98**	.18

$N=305$
注1）初期因子固有値>1.12，初期説明率48.35％．
注2）適合度検定：$X^2_{(1)}=4.17$, $p=.041$．
注3）太字は各因子に対して関わりが大きいことを示す．

付加的に，5つの下位尺度得点を対象として2次因子分析（最尤法，直交回転）を行った．初期因子固有値>1.00の基準で高次2因子が抽出され，第Ⅰ因子には「Ⅴ．外向性」，第Ⅱ因子には「Ⅱ．非調和性」でそれぞれ負荷が高かった（表2-3）．

(4) 呈示動物の性格推測尺度

項目水準の検討の結果，30項目すべてが適切であった．そこで，

Ⅰ．神経症傾向

[m=2.47, SD=0.69, $α$=.87]
fr_bf_a_6 不安になりやすい
fr_bf_a_2 悩みがちな
fr_bf_b_1 心配性である
fr_bf_c_2 傷つきやすい
fr_bf_b_10 弱気になる
fr_bf_b_6 気苦労の多い

Ⅳ．開放性

[m=2.75, SD=0.53, $α$=.74]
fr_bf_a_3 独創的な
fr_bf_a_7 多才な
fr_bf_c_1 想像力に富んだ
fr_bf_c_3 美的感覚の鋭い
fr_bf_b_2 進歩的な
fr_bf_c_7 興味の広い

Ⅱ．非調和性

[m=1.72, SD=0.60, $α$=.86]
fr_bf_b_4 怒りっぽい
fr_bf_a_9 短気な
fr_bf_c_6 とげがある
fr_bf_c_10 反抗的な
fr_bf_a_5 温和な*
fr_bf_b_8 寛大な*

Ⅴ．外向性

[m=3.12, SD=0.58, $α$=.74]
fr_bf_c_5 社交的な
fr_bf_b_5 外向的な
fr_bf_a_1 話し好きな
fr_bf_c_9 地味な*

Ⅲ．非誠実性

[m=2.25, SD=0.65, $α$=.82]
fr_bf_a_8 ルーズな
fr_bf_a_4 いい加減な
fr_bf_b_7 成り行きまかせな
fr_bf_b_3 怠惰な
fr_bf_c_4 計画性のある*
fr_bf_c_8 几帳面な*

N=305
*逆転項目
初期固有値>1.89; 初期説明率56.76%
適合度: $X^2_{(248)}$=435.13, p=.001
m: 下位尺度平均値; SD: 標準偏差値
$α$: Cronbachの$α$係数値

図2-3 親友の性格評定に関する因子分析（最尤法，プロマックス回転〈k＝3〉）に基づく下位尺度の構成

30項目を対象として因子分析を行い，2〜6因子解を検討した．5因子解で明確な負荷量パターンが得られた（**図2-4**）．第Ⅰ因子，第Ⅲ因子，第Ⅳ因子は，先行研究（和田，1996）と一致しており，負荷量の正負を考慮して，それぞれ「Ⅰ．非調和性」，「Ⅲ．神経症傾向」，「Ⅳ．非誠実性」とした．第Ⅴ因子は，外向性項目のうち内向

Ⅰ．非調和性

[m=2.24, SD=0.77, $α$=.89]
an_bf_a_9 短気な
an_bf_b_4 怒りっぽい
an_bf_c_6 とげがある
an_bf_c_10 反抗的な
an_bf_a_5 温和な*
an_bf_b_8 寛大な*

Ⅲ．神経症傾向

[m=2.16, SD=0.64, $α$=.83]
an_bf_b_1 心配性である
an_bf_a_6 不安になりやすい
an_bf_a_2 悩みがちな
an_bf_b_10 弱気になる
an_bf_c_2 傷つきやすい
an_bf_b_6 気苦労の多い

Ⅱ．開放性・外向性・誠実性

[m=2.25, SD=0.52, $α$=.82]
an_bf_c_1 想像力に富んだ
an_bf_a_7 多才な
an_bf_c_3 美的感覚の鋭い
an_bf_c_7 興味の広い
an_bf_a_3 独創的な
an_bf_c_5 社交的な
an_bf_b_2 進歩的な
an_bf_a_1 話し好きな
an_bf_b_5 外向的な
an_bf_c_4 計画性のある
an_bf_c_8 几帳面な

Ⅳ．非誠実性

[m=2.54, SD=0.65, $α$=.69]
an_bf_a_4 いい加減な
an_bf_a_8 ルーズな
an_bf_b_3 怠惰な
an_bf_b_7 成り行きまかせな

Ⅴ．内向性

[m=2.40, SD=0.75, $α$=.73]
an_bf_b_9 暗い
an_bf_c_9 地味な
an_bf_a_10 無口な

N=305
初期固有値>1.44; 初期説明率56.19%
適合度: $X^2_{(295)}$= 534.08, p=.001
*逆転項目
m: 下位尺度平均値; SD: 標準偏差値
$α$: Cronbachの$α$係数値

図2-4　呈示動物の性格評定に関する因子分析（最尤法，プロマックス回転〈k=3〉）の結果——回転後の因子負荷量——

表2-4 呈示動物の性格評定における5下位尺度得点に関する2次因子分析（最尤法，直交回転）——回転後の負荷量——

	I	II
an_I_非調和性	.04	−.39
an_II_開放性_外向性_誠実性	**1.00**	−.08
an_III_神経症傾向	.24	**.79**
an_IV_非誠実性	−.05	.19
an_V_内向性	−.25	**.47**

$N=305$
注1）初期因子固有値＞1.20，初期説明率56.58％．
注2）適合度検定：$X^2_{(1)}=6.19$, $p=.013$．
注3）太字は各因子に対して関わりが大きいことを示す．

的な表現項目の負荷量が高かったので，「Ⅴ．内向性」とした．また，第Ⅱ因子は，先行研究の開放性項目，外向的な表現項目，誠実方向の表現項目で高い負荷量が示されたので，「Ⅱ．開放性・外向性・誠実性」と名付けた．下位尺度の信頼性に関して適切な結果が得られたので下位尺度構成項目の平均値を求め，下位尺度得点とした．

呈示動物の5下位尺度得点についても2次因子分析を行った（最尤法，直交回転）．初期因子固有値＞1.00の基準で高次因子解が抽出された（**表2-4**）．第Ⅰ因子には「Ⅱ．開放性_外向性_誠実性」の負荷が高く，第Ⅱ因子には「Ⅲ．神経症傾向」と「Ⅴ．内向性」の負荷が高かった．

3．回答者の視点取得傾向が性格の推測におよぼす影響

回答者が個人的傾性としてもつ視点取得傾向が親友や呈示動物の性格推測におよぼす影響を検討するために，ピアソン相関値を求めた（**表2-5**）．親友の性格推測の場合には，「Ⅳ．開放性」と「Ⅴ．

表2-5 回答者の視点取得傾向と親友の性格評定および呈示動物の性格評定との関係——ピアソン相関値——

	[視点取得傾向]
	[親友の性格評定]
fr_Ⅳ_開放性	.12 c
fr_Ⅴ_外向性	.18 b
[呈示動物の性格]	
an_Ⅲ_神経症傾向	.16 b

$N=305$
注1) 初b：$p<.01$；c：$p<.05$.
注2) 有意な相関のみ記載.

外向性」で有意な正の相関値が得られた．視点取得傾向が高い回答者は，親友がこれらの特徴をもつと推測する傾向がある．動物の性格推測では，「Ⅲ．神経症傾向」で有意な正の相関値が認められた．つまり，視点取得傾向が高い回答者は呈示動物がこの特徴をもつと推測しがちであることが見いだされた（仮説Ⅲ）．しかし，いずれのピアソン相関値も値が小さいことから（$.12<r<.18$），個人的傾性としての視点取得傾向の影響はあまりないといえよう．

4. 親友の性格推測と呈示動物の性格推測との関係

親友の性格推測と呈示動物の性格推測との関係を見るために，①項目水準でのピアソン相関値と②因子分析に基づいて算出された下位尺度得点間のピアソン相関値を算出した．今回の調査では2種類の性格推測を連続して行わせたために，先行評定が後続評定に影響をおよぼすというプライミング効果が生じている可能性があるからである．

表 2-6 親友の性格評定と呈示動物の性格評定との関係
──ピアソン相関値──

	[呈示動物の性格評定]				
	an_Ⅰ_非調和性	an_Ⅱ_開放性_外向性_誠実性	an_Ⅲ_神経症傾向	an_Ⅳ_非誠実性	an_Ⅴ_内向性
[親友の性格評定]					
fr_Ⅰ_神経症傾向	−.03	.10	**.14** c	.05	.02
fr_Ⅱ_非調和性	.03	−.03	.20 a	.02	.12 c
fr_Ⅲ_非誠実性	.06	.05	.12 c	.06	.00
fr_Ⅳ_開放性	−.12 c	**.12** c	.10	.02	.09
fr_Ⅴ_外向性	−.17 b	−.07	.11	.01	.08

$N=305$
注1) a: $p<.001$; b: $p<.01$; c: $p<.05$.
注2) 太字は対応する性格特性の間での有意な相関を示す.

(1) 項目水準での関係

2種類の評定における対応する項目間のピアソン相関値を求めた. 7項目 (悩みがちな, 不安になりやすい, ルーズな, 心配性である, 寛大な, 傷つきやすい, 興味が広い) で有意な正の相関値が得られた. しかしながら, 相関値はいずれも小さく ($.11<r<.17$), 親友に対する性格推定が呈示動物の性格推定に影響をおよぼしているとはいえない.

(2) 下位尺度得点間の関係

下位尺度得点間のピアソン相関値を検討すると (表2-6), 以下の傾向が見られた. 概念の類似性を考慮すると, 親友の「Ⅰ. 神経症傾向」と呈示動物の「Ⅲ. 神経症傾向」, 親友の「Ⅳ. 開放性」と呈示された動物の「Ⅱ. 開放性・外向性・誠実性」でそれぞれ有意な正の相関値が現れた. この値が大きければ, 親友に対する評定が呈示動物の評定に影響を与えていると解釈できる. しかし, 有意

であるが小さな値であったので（$r<.20$），2種類の評定は比較的独立であるといえる．その他，有意な相関値が6つの組み合わせで得られたが，「$-.17 \sim +.20$」の範囲であった．以上のことから，**親友に帰属された性格の側面が呈示動物に投影されたとは判断されず，プライミング効果が生じていない**と結論された．

5. 推測された性格次元上における呈示動物の弁別性

(1) 性格5次元上における呈示された動物の弁別性

呈示された動物に関する5下位尺度得点それぞれで16種類の動物がどのように弁別されているかを検討するために，一元配置分散分析を行った（**表2-7-a**）．5得点すべてで有意な効果が得られた．

強く帰属された動物は，「Ⅰ．非調和性」でユキヒョウ，「Ⅱ．開放性・外向性・誠実性」でチンパンジー，「Ⅲ．神経症傾向」でクロサイ，「Ⅳ．非誠実性」でジャイアントパンダ，「Ⅴ．内向性」でミルキーワシミミズクであった．また，逆にあまり帰属されなかった動物は，「Ⅰ．非調和性」でジャイアントパンダ，「Ⅱ．開放性・外向性・誠実性」でヒツジ，「Ⅲ．神経症傾向」と「Ⅳ．非誠実性」でライオン，「Ⅴ．内向性」でチンパンジーであった．これらの傾向は，**性格の推測が無作為に行われているのではなく，呈示された動物に暗黙に付与されている特徴を反映している**と解釈できよう．

(2) 性格5次元下位尺度得点に基づくクラスター分析

呈示された動物に関する5つの下位尺度得点を対象にクラスター分析（*WARD法，平方EUCLID法*）を実施し，回答者の分類を試みた．その結果，回答者を5つのクラスターに分類できた．5下位尺度得点ごとに5クラスターを独立変数とする一元配置の分散分析を行っ

表2-7-a 呈示動物の性格評定における動物間の平均値比較――一元配置の分散分析

提示された動物	N	an_I_非調和性 m	SD	an_II_開放性_外向性_誠実性 m	SD	an_III_神経症傾向 m	SD	an_IV_非誠実性 m	SD	an_V_内向性 m	SD
ヒツジ (大阪市天王寺動物園)	22	1.75	0.57	1.89	0.50	2.27	0.78	2.68	0.75	2.83	0.62
レッサーパンダ (神戸どうぶつ王国)	20	1.82	0.49	2.51	0.44	2.28	0.51	2.58	0.64	1.75	0.62
カピバラ (神戸どうぶつ王国)	21	1.87	0.72	2.06	0.64	2.20	0.69	2.76	0.68	2.81	0.73
インドゾウ (神戸市立王子動物園)	19	1.72	0.35	2.33	0.43	2.64	0.61	2.34	0.57	2.42	0.70
ユキヒョウ (神戸市立王子動物園)	19	**3.37**	0.43	2.29	0.54	1.78	0.73	2.34	0.61	2.16	0.70
ワオキツネザル (神戸どうぶつ王国)	19	2.82	0.65	2.40	0.44	2.05	0.66	2.64	0.68	2.26	0.77
ライオン (大阪市天王寺動物園)	17	3.31	0.59	2.22	0.59	**1.67**	0.55	**2.06**	0.70	1.94	0.46
ジャイアントパンダ (神戸市立王子動物園)	19	**1.62**	0.40	2.08	0.52	2.04	0.50	**2.93**	0.72	2.33	0.59
クロサイ (大阪市天王寺動物園)	18	2.01	0.52	1.98	0.46	**2.40**	0.64	2.72	0.60	3.07	0.77
オウサマペンギン (神戸市立王子動物園)	16	2.01	0.57	2.30	0.47	2.36	0.57	2.48	0.50	2.25	0.63
チンパンジー (大阪市天王寺動物園)	19	2.34	0.50	**2.87**	0.55	1.92	0.56	2.42	0.47	**1.70**	0.47
ミルキーワシミミズク (神戸どうぶつ王国)	19	2.44	0.59	2.50	0.37	2.30	0.50	2.17	0.54	**3.28**	0.43
メガネグマ (大阪市天王寺動物園)	20	2.95	0.51	2.08	0.42	1.83	0.52	2.40	0.59	2.02	0.48
アルパカ (神戸どうぶつ王国)	20	1.95	0.75	2.12	0.44	2.33	0.58	2.71	0.60	2.32	0.49
ニホンジカ (大阪市天王寺動物園)	18	2.11	0.66	2.27	0.38	2.28	0.55	2.42	0.59	2.56	0.81
ムフロン (姫路セントラルパーク)	18	1.98	0.56	2.24	0.37	2.25	0.59	2.88	0.48	2.67	0.58
[一元配置の分散分析]		$F_{(15,289)}=18.96$, $p=.001$		$F_{(15,289)}=4.90$, $p=.001$		$F_{(15,289)}=3.39$, $p=.001$		$F_{(15,289)}=3.01$, $p=.001$		$F_{(15,289)}=9.96$, $p=.001$	

注1) m:平均値;SD:標準偏差値.
注2) 太字は帰属された当該の性格特性の最小値と最大値を示す.

表2-7-b 呈示動物の性格評定に関するクラスター別平均値比較――一元配置の分散分析――

	N	an_Ⅰ_非調和性 m	an_Ⅰ_非調和性 SD	an_Ⅱ_開放性_外向性_誠実性 m	an_Ⅱ_開放性_外向性_誠実性 SD	an_Ⅲ_神経症傾向 m	an_Ⅲ_神経症傾向 SD	an_Ⅳ_非誠実性 m	an_Ⅳ_非誠実性 SD	an_Ⅴ_内向性 m	an_Ⅴ_内向性 SD
第Ⅰクラスター	66	**3.14** a	0.60	2.17 b	0.63	1.58 c	0.41	2.30 c	0.70	1.91 b	0.46
第Ⅱクラスター	30	1.59 c	0.41	1.82 c	0.46	1.70 c	0.36	**3.32** a	0.38	**2.70** a	0.58
第Ⅲクラスター	77	2.48 b	0.59	2.29 b	0.44	2.26 b	0.44	2.42 c	0.52	**2.86** a	0.50
第Ⅳクラスター	59	1.87 c	0.53	**2.56** a	0.46	2.10 b	0.61	2.31 c	0.53	1.58 c	0.39
第Ⅴクラスター	73	1.75 c	0.46	2.22 a	0.42	**2.83** a	0.39	2.76 b	0.57	**2.91** a	0.62
[一元配置の分散分析]		$F_{(4,300)}=83.73$, $p=.001$		$F_{(4,300)}=12.39$, $p=.001$		$F_{(4,300)}=75.24$, $p=.001$		$F_{(4,300)}=23.23$, $p=.001$		$F_{(4,300)}=87.69$, $p=.001$	

m：平均値；SD：標準偏差値
注1）異なる英文字は互いに有意に異なることを示す（Bonferroniの法，$p<.05$）．
注2）平均値に対した2重下線：1重下線：最大値；最低値．

表2-7-c　呈示動物のクラスター所属に関する分布

[クラスター分析に基づく5クラスターそれぞれへの所属人数]						
	Ⅰ	Ⅱ	Ⅲ	Ⅳ	Ⅴ	合計
ヒツジ（大阪市天王寺動物園）	3	5	<u>7</u>	0	<u>7</u>	22
レッサーパンダ（神戸どうぶつ王国）	0	2	1	**13**	4	20
カピバラ（神戸どうぶつ王国）	0	6	<u>8</u>	2	5	21
インドゾウ（神戸市立王子動物園）	0	1	3	<u>8</u>	<u>7</u>	19
ユキヒョウ（神戸市立王子動物園）	**15**	0	4	0	0	19
ワオキツネザル（神戸どうぶつ王国）	<u>8</u>	1	6	3	1	19
ライオン（大阪市天王寺動物園）	**15**	0	0	1	1	17
ジャイアントパンダ（神戸市立王子動物園）	1	<u>7</u>	1	3	<u>7</u>	19
クロサイ（大阪市天王寺動物園）	1	1	<u>7</u>	1	<u>8</u>	18
オウサマペンギン（神戸市立王子動物園）	1	2	5	5	3	16
チンパンジー（大阪市天王寺動物園）	4	0	4	11	0	19
ミルキーワシミミズク（神戸どうぶつ王国）	0	0	12	0	7	19
メガネグマ（大阪市天王寺動物園）	**12**	0	2	4	2	20
アルパカ（神戸どうぶつ王国）	4	2	4	2	<u>8</u>	20
ニホンジカ（大阪市天王寺動物園）	2	0	6	5	5	18
ムフロン（姫路セントラルパーク）	0	3	<u>7</u>	1	<u>8</u>	19
合計	66	30	77	59	73	305

注）太字の数字や下線が付された数は，当該クラスターに偏って分布していることを示す．

た（**表2-7-b**）．すべての下位尺度得点で有意な効果が検出された．さらに，呈示動物と5つのクラスター所属との関連を調べた（**表2-7-c**）．

次のような特徴的な関連がみられた．第Ⅰクラスターに所属する回答者は，ユキヒョウ，ワオキツネザル，ライオン，メガネグマであった．第Ⅱクラスターにはジャイアントパンダを呈示された回答者が比較的多く所属していた．第Ⅲクラスターではヒツジ，カピバ

ラ，クロサイ，ミルキーワシミミズク，ムフロン，第Ⅳクラスターではレッサーパンダ，インドゾウ，チンパンジー，さらに，第Ⅴクラスターではヒツジ，インドゾウ，ジャイアントパンダ，クロサイ，アルパカ，ムフロンをそれぞれ呈示された回答者が含まれていた．

次に，各クラスターに所属する回答者が強く推測している特徴を見よう．第Ⅰクラスターで非調和性，第Ⅱクラスターで非誠実性と内向性，第Ⅲクラスターで内向性，第Ⅳクラスターで開放性・外向性・誠実性，第Ⅴクラスターで神経症傾向と外向性でそれぞれ得点が高かった．

これらの分析結果を合わせると，ユキヒョウ，ライオン，およびメガネグマは非調和性が高いと推測されがちである．ミルキーワシミミズクは内向性が高く，レッサーパンダとチンパンジーは開放性・外向性・誠実性が高いとそれぞれ見なされていた．つまり，**呈示された動物に対して弁別的に性格推測が行われている**と判断できよう．

(3) 2次因子分析による呈示動物の位置づけ

先に示した2次因子分析に基づいて算出した因子得点に関して呈示された動物ごとに平均値を求めた（**表2-7-d**）．その上で呈示された動物を2次元上に位置づけた（**図2-5**）．その結果，呈示された動物はおおまかに次の3つに分類できることが分かった．① チンパンジー，ミルキーワシミミズク，レッサーパンダ（開放性，外向性，誠実性が高い），② インドゾウ，クロサイ，ヒツジ（神経症傾向や内向性が高い），③ ライオン，ユキヒョウ，メガネグマ（神経症傾向や内向性が低い）．

表2-7-d 2次因子得点平均値の呈示動物別比較——元配置の分散分析——

	N	[高次第Ⅰ因子] m	*	SD	[高次第Ⅱ因子] m	*	SD
ヒツジ (大阪市天王寺動物園)	22	-0.67	def	0.98	0.42	ad	0.92
レッサーパンダ (神戸どうぶつ王国)	20	0.49	ab	0.86	-0.02	al	0.57
カピバラ (神戸どうぶつ王国)	21	-0.35	bcdef	1.21	0.27	ae	0.85
インドゾウ (神戸市立王子動物園)	19	0.19	ae	0.78	0.58	a	0.78
ユキヒョウ (神戸市立王子動物園)	19	0.02	bcdef	1.04	-0.70	bjkl	0.94
ワオキツネザル (神戸どうぶつ王国)	19	0.25	ad	0.83	-0.28	bcdefghijkl	0.90
ライオン (大阪市天王寺動物園)	17	-0.13	bcdef	1.12	-0.87	bl	0.78
ジャイアントパンダ (神戸どうぶつ王国)	19	-0.34	bcdef	1.01	0.03	ak	0.53
クロサイ (大阪市立王子動物園)	18	-0.47	bcdef	0.90	0.55	ac	0.80
オウサマペンギン (神戸市立王子動物園)	16	0.10	af	0.89	0.21	ai	0.67
チンパンジー (大阪市天王寺動物園)	19	1.13	a	1.05	-0.63	biklm	0.67
ミルキーワシミミズク (神戸どうぶつ王国)	19	0.48	ac	0.72	0.23	ah	0.59
メガネグマ (大阪市天王寺動物園)	20	-0.38	bcdef	0.81	-0.54	befghijkl	0.63
アルパカ (神戸どうぶつ王国)	20	-0.24	bcdef	0.85	0.26	af	0.73
ニホンジカ (大阪市天王寺動物園)	18	0.05	bcdef	0.75	0.17	ajm	0.59
ムフロン (姫路セントラルパーク)	19	-0.01	bcdef	0.71	0.24	ag	0.71
[一元配置の分散分析]		$F_{(15,289)} = 4.62$, $p = .001$			$F_{(15,289)} = 7.17$, $p = .001$		

m：平均値；SD：標準偏差値
注1) *：異なる英文字は互いに有意に異なることを示す (Bonferroniの法, $p < .05$).
注2) 平均値に付した2重下線：最大値；1重下線：最低値.

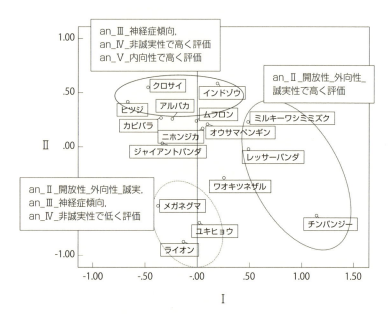

図2-5 2次因子分析に基づく2次元上における呈示動物の位置づけ

4 動物に対する性格の推測が動物園の魅力高揚に果たす役割

本章では,動物認知に関わる心理学的機制として動物の性格推測の問題を取り上げた.その際,対人関係の中で作動する心理学的機制としての暗黙の性格観システムが動物に対しても適用されるかどうかの可能性を検討した.

まず,回答者に次の2種類の評定を求めた.① 回答者が同定した同性親友の性格特徴の推測,② 動物園で飼育されている動物の性格特徴の推測.①と②の評定に際しては,和田 (1996) が作成し

たBig Five尺度を先行研究（諸井・早川・板垣, 2014；諸井・坂元, 2014）に基づいて精選した縮約版を用いた．もともとBig Five尺度は自分自身の性格特徴を評定するために作成されたものであり，次の5次元から構成されている（和田, 1996）．外向性，神経症傾向，開放性，誠実性，および調和性．

当然，同性親友も自分自身と同じ人間であるので，5次元が抽出されるはずである（仮説Ⅰ）．予想通り，因子分析によってこの5次元が再現され，仮説Ⅰが支持された．他方，呈示された動物に対する性格評定の場合には，人間とは異なり性格の存在が仮定されていないとすれば，明確な因子構造は現れないはずである．しかし，動物に対しても性格の存在が仮定されているならば，何らかの因子構造が得られるはずである（仮説Ⅱ）．因子分析の結果によると，明確な5因子解が抽出された．したがって，動物に対しても性格の存在を仮定していると結論でき，仮説Ⅱは支持された．

しかし，抽出された因子構造は，同性親友と動物の場合で若干異なっていた．つまり，和田（1996）が認めた5次元のうち，神経症傾向，誠実性，および調和性は2種類の評定でともに得られたが，外向性と開放性については同性親友でのみ見いだされた．動物の場合には，外界に対する積極的な側面（「Ⅱ. 開放性・外向性・誠実性」）と消極的な側面（「Ⅴ. 内向性」）をそれぞれ表すまとまりが検出された．

今回の調査では，先に同性親友の性格推測を求め，その後に呈示された動物の性格推測を行わせた．その際，同一の性格特徴項目を用いたので，先行の評定が後続の評定に影響を与え，動物の場合にも5次元が現れた可能性がある．つまり，プライミング効果が生じているかもしれない．そこで，2種類の評定について，次の2通り

の相関分析を行った．①30項目の対応する評定間，②5つの下位尺度得点間．①および②のいずれの場合にも，有意水準を満たすピアソン相関値が少なく，有意な場合にもかなり低いピアソン相関値しか認められなかった．したがって，2種類の評定間でプライミング効果が生起しているとはいえない．

以上のことから，呈示された動物に対しても人間と同様な仕方で性格特徴の推測を行わせる心理学的メカニズムが存在していると結論できる．しかしながら，個人的傾性としての視点取得傾向（Davis, 1994）と動物に対する性格推測との関連については（仮説Ⅲ），有意な関係も見られたが相関値が小さいことから，ここではこのような関連はないと判断された．これは，動物の中に「こころ」の働きに関する存在認知と認知者の攻撃性傾向や共感性傾向との関連を認めた先行研究（橋本・宇津木，2011）と一致していないが，今後，共感性の他の側面（Davis, 1994）を含めて再検討すべきであろう．

今回の調査では，性格推測の対象となる動物の呈示は写真呈示によったが，先述したように本来は動物園での接触時点で当該動物の性格推測を尋ねるほうが適切であろう．同性親友と呈示動物に対する2種類の評定間に相関傾向がほとんど認められなかったことから，親友に帰属された性格が呈示された動物に投影されたとはいえない．しかしながら，実際に動物に接触した場合にも今回の調査で得られた次元性が抽出されるのかを今後検討する必要がある．

ところで，性格存在の根拠として，①継時的安定性（時間が経過しても行動に現れる規則性が大きく変化することはない），および②通状況的安定性（当該個人を取り巻く環境が変化してもその規則性が持続する）が充足されねばならない．性格心理学研究では，この2つが本当に充

表2-8 動物行動がもつ意外な特徴が生じる類比感覚

[現象]	[人間への類比]
* ゴリラは，他のゴリラとの争いを避けるため怒りを我慢し，下痢症状に陥ることがある．	対人ストレス
* チベットモンキーは，優勢な相手をなだめるために群れの中から可愛い子ザルを連れてくる．	ご機嫌取り
** バンは，長子の若鳥に子育てを手伝わせることがあり，その若鳥が巣を離れてしまうことがある．	親子関係
** バンドウイルカは，海域が離れると使用する言語が変化し，お互いに上手く会話ができず，相手を真似て会話しようとすることがある．	方言
** ニワトリは，強さの順位付けが高い者から夜明け近くに鳴き始めるので，順位の低いニワトリは鳴くことができないことがある．	社会的地位
** リスは，冬の間の食料として方々にドングリを埋めるが，埋めた場所を忘れてしまうことがある．	記憶の忘却
** ラッコは，石に叩きつけて貝を割って食べるが，ずっと同じ石を使い続ける．	嗜好
** キツネは，子がある程度成長すると縄張りから追い出すが，縄張りに居続けようとする子もいる．	自立と依存

注) *：今泉（2016）；**：今泉（2017）．
出典）今泉（2016；2017）．

たされているのかという一貫性論争が生じたが（渡邊・佐藤，1994），ここでの調査の1回きりの写真呈示や継時的に動物園の動物と接触しているわけではないことを前提にすると，ここで研究対象としている動物を対象とした性格推測についてもこの一貫性論争の観点から論議する必要があるかもしれない．しかし，今回の調査で試みた動物の性格推測の狙いは，本当に動物に性格が存在するかという本質的問題の視点にあるのではなく，動物園の飼育動物に対して人間と同様に性格推測をすることが動物園の魅力につながるという考え

に基づいている．したがって，先の性格心理学における一貫性論争で焦点となっている問題は回避できよう．

最近，動物が示す意外な行動を紹介した子ども向けの本がベストセラーになった（今泉，2016；2017）．この本では，様々な動物の優れた特徴を記述しているのではなく，どちらかというと「進化の結果，なぜかちょっとざんねんな感じになってしまった生き物たち」（今泉，2016）が列挙されている．この本の企画が商業的に大成功した原因の１つに本章で取り扱っている研究主題を挙げることができる．つまり，「ざんねんないきもの」の「ざんねんさ」には，人間あるいは人間が営む対人行動との類比によって肯定的な意味合いが付与されているのである．例えば，他のゴリラとの争いを避けるため怒りを我慢し，下痢症状に陥ることがあるというゴリラの事例は，まさに人間の「対人ストレス」と類比される（**表2-8**）．このように，人間と類比して様々な生き物の生態を紹介する本は他にも散見される（例えば，早川（2010）；クスクス科（Phalangeridae）のブチクスクスは，他の仲間に対して威嚇行動を示す反面，実は臆病者であると紹介）．

図2-6　名古屋市東山動植物園で飼育されているニシゴリラの「シャバーニ」
2016年5月7日　著者撮影．

また，名古屋市東山動植物園で飼育されているニシゴリラの「シャバーニ」(1996年生まれ)は2015年にSNS上で「イケメンすぎるゴリラ」として話題になり（**図2-6**），関連商品や写真集なども販売されている（東山動物園クラブ（編），2017）．ちなみに，2017年10月に開園80周年を記念した「東山どうぶつ総選挙」ではこの「シャバーニ」が1位となった（日本経済新聞，2017）．「イケメン」とはもともと若い男性の特徴を表す言葉であるが（広辞苑第七版（新村，2018）；「若い男性の顔かたちがすぐれていること．また，そのような男性．」），この「シャバーニ」の人気も人間への類比によって生じたといえよう．

　本章で報告し調査では，もともと人間に対して営む性格推測のメカニズムが実際には接触したことがない動物の写真刺激に対して発動されることが示された．上述した「ざんねんないきもの」や「シャバーニ」などの事例も併せると，性格推測を媒介として，動物園での様々な飼育動物との接触経験と日常生活における他者に対する接触経験との間の類比感覚経験が動物園への来園を促していると考えられる．

［付記］
(1) データの統計的解析にあたって，*IBM SPSS Statistics version24.00 for Windows*を利用した．
(2) 本章は，『生活科学』（同志社女子大学）誌に掲載した論文に基づいている（「動物園の社会心理学(2)——動物園で飼育されている動物に対する性格特性推測——」，『生活科学』（同志社女子大学），2017，**51**，1-16.）．

引用文献

相川充 1999「共感性」中島義明(編)『心理学辞典』有斐閣.

Bruner, J. S., & Tagiuri, R. 1954 "The perception of people." In G. Lindzey (Ed.), *Handbook of Social Psychology, vol.* II, Reading, Mass.: Addison-Wesley, 634-654.

Davis, M.H. 1994 *Empathy: A Social Psychological Approach*, Westview Press. 菊池章夫(訳)1999『共感の社会心理学——人間関係の基礎——』川島書店.

ECHOES 1989『ZOO』SME〈AICT-1239〉(CD)

Hart, B. L. 1995 "Analysing breed and gender differences in behavior." In J. Serpell (Ed.) *The Domestic Dog: Its Evolution, Behavior and Interactions with People*, Cambridge University Press.「行動における犬種差と性差の分析」森裕司(監修)・武部正美(訳)1999『ドメスティック・ドッグ——その進化・行動・人との関係——』チクサン出版, 105-119.

橋本由里・宇津木成介 2011「動物の心性評価と攻撃性及び共感性について——心の教育との関連——」『島根県立大学短期大学部出雲キャンパス研究紀要』, **5**, 11-17.

早川いくを 2010『へんないきもの』新潮社.

東山動物園クラブ(編) 2017『ZOOといっしょ② 東山動植物園公認ガイドブック』中日新聞社.

平芳幸子・中島定彦 2009「性格表現語を用いたイヌの性格特性構造の分析」『動物心理学研究』, **59**(1), 57-75.

今泉忠明(監修) 2016『おもしろい!進化のふしぎ ざんねんないきもの事典』高橋書店.

今泉忠明(監修) 2017『おもしろい!進化のふしぎ 続ざんねんないきもの事典』高橋書店.

伊谷純一郎 1957「ニホンザルのパースナリティー」『遺伝』, **11**(1), 29-33.

柏木繁男 1997『性格の評価と表現——特性5因子からのアプローチ——』有斐閣.

今野晃嗣・長谷川壽一・村山美穂 2014「動物パーソナリティ心理学と行動シンドローム研究における動物の性格概念の統合的理解」『動物心理学研究』, **64**(1), 19-35.

今野晃嗣・仁平義明 2008「ヒト乳幼児の気質モデルに基づいたイヌとネコ

の気質尺度」『ヒトと動物の関係学会誌』, **20**, 56-65.

諸井克英　1995「孤独な顔——暗黙の性格理論によるアプローチ——」『人文論集』（静岡大学人文学部）, **46**（**1**）, 51-79.

諸井克英・早川沙耶・板垣美穂　2014「女子大学生における超常現象観の基本的構造」『生活科学』（同志社女子大学）, **48**, 13-24.

諸井克英・坂元宏江　2014「女子大学生における職業価値観——性格特性との関連——」『生活科学』（同志社女子大学）, **48**, 25-32.

中島定彦　1992「動物の「知能」に対する一般学生の評定」『基礎心理学研究』, **11**（**1**）, 27-30.

桜井茂男　1994「多次元共感測定尺度の構造と性格特性との関係」『奈良教育大学教育研究所紀要』, **30**, 125-132.

新村出（編）2018『広辞苑第七版』岩波書店.

杉若弘子　1999「性格」「性格類型論」「性格特性論」中島義明（編）『心理学辞典』有斐閣.

田中正之　2016「動物園の動物のこころを探る」『動物心理学研究』, **66**（**1**）, 53-57.

都築政起　2001「心も遺伝子に支配されている？——発展が期待される動物の性格・行動遺伝学——」『化学と生物』, **39**（**10**）, 656-659.

和田さゆり　1996「性格特性用語を用いたBig Five尺度の作成」『心理学研究』, **67**, 61-67.

渡邊芳之・佐藤達哉　1994「一貫性論争における行動の観察と予測の問題」『性格心理学研究』, 1994, **2**（**1**）, 68-81.

藪田慎司　2007「イヌの性格の行動学的研究にむけて——「状況横断的な行動相関」としての動物パーソナリティー——」『生物科学』, **58**（**3**）, 157-165.

[インターネット]

日本経済新聞　2017「イケメンゴリラ『シャバーニ』1位　東山動植物園人気投票」 *https://www.nikkei.com/article/DGXMZO23392380S7A111C1CN0000/*〈2018年4月3日閲覧〉.

[楽曲]

『ZOO』（作詞・作曲　辻仁成）ECHOES, 1989,（JASRAC®1808034-801）

人間による動物のいのちに対する介入をめぐる諸問題
3 ──いのちに関する一考察──

はじめに

人間のいのちに関する可能性やその意味について，哲学から医学にわたる様々な学問分野で論議が交わされている．さらに，この論議は，人間と自然との関係性のみならず，動物のいのちの問題にまでおよんでいる．本章では，動物のいのちに焦点をあて，人間による動物のいのちに対する介入をめぐる諸問題を論じる．出発点として，最近，話題になった横浜市にある野毛山動物園での「園内リサイクル」の問題から始めよう．

1 動物園における生と死

1. 動物園における生と死の自然連鎖

野毛山動物園では職員たちが「園内リサイクル」と呼ぶシステムが存在する．実は，このシステムは他の動物園に存在するものの公にされているわけではない．動物の権利を擁護する立場にあるジャミーソン・デール（Dale Jamieson, 1986）によれば，「リサイクルというのは，殺してその体を他の動物のエサにするという意味の婉曲表

現」である．どこの動物園にも子どもたちが動物と触れ合うための区画が設けられていることが多いが，野毛山動物園にも多分に漏れず同様のものが設置されている．この区画は園内では「なかよし広場」と呼ばれ，主に小動物とふれあうことによって，いのちの大切さなどを学習する場とされている（AERAdot., 2014）．

　しかし，「なかよし広場」で飼育されている小動物は，衰弱するか，病気になり回復の見込みがなければ，いずれ他の区画で飼育されている動物たちの餌として利用される運命にある．職員の手で頭部を叩きつけられるか，首の骨を脱臼させるなどして殺生し餌として与える場合もあれば，蛇などの生き餌としてそのまま与えられることもあるといわれている．この「園内リサイクル」と呼ばれる取り組みの意図は，来園者にいのちの連鎖や食育についてより深く考えてもらうことにある．その一方でこの「園内リサイクル」の存在を積極的に公表することはなく，子どもたちにはこのことは知らせていない．大人の来園者にのみ，尋ねられれば答えるという形式でこの存在を伝えている．

　餌となる動物を園内でまかなう，つまり外部から餌を購入せずに余分な外部での殺生をしないという点では，いのちを無駄にせず，経費削減にもつながることから，きわめて合理的である．しかし，園内で餌となる動物とそうでない動物とのいのちの差別化や，特定の動物たちを他の動物の餌とするために人による「殺す」という行為が行われていることも事実である．動物園に生息する動物の維持のために人が特定動物のいのちを利用しているという事実は，もはや動物園という概念の枠を逸脱し，動物を家畜かそれと同等のものとして扱っていると捉えることもできる．

動物とは，本来，人間が感知しない野生世界で生活し，自然が創造した食物連鎖システムに沿ってそのいのちが循環している．例えば，弱肉強食とは自然の摂理であり，肉食動物が草食動物を捕らえて食すことを人間が知っても，憐憫の情は起こらず，むしろ「仕方がない」と判断することは当然だろう．しかし，動物園で生息している動物は完全に人間の支配下にあり，その生死も人間の手に委ねられている．つまり，動物園側は動物のいのちに対しては責任を負う立場にあると考えることもできる．そこで，本来は動物たちだけの間で完結していた食物連鎖という事象に対し，人間が手を加えることが果たして正しい行いであるのか，という疑問が生じる．また，動物園内で生息している動物が殺されることに対して「かわいそう」という感情が起こる点も，私たちが無意識のうちに野生動物と動物園の動物とを異なるものとして捉えていることを示している．つまり，人間によって捕獲・分類され，限られたスペースで飼育されている動物は，いつしか弱いいのちをもつ守られるべき存在（＝弱者）と見なされているのである．

　近年，動物園の機能として，自然環境での動物の生態や動物のいのちの大切さについて来園者に学習してもらうことが強調されている．これは，昨今の文化施設などにおいて戦争の悲惨さなどを直接的には展示しない動向と対照的である．このようなことを勘案すると，野毛山動物園の「園内リサイクル」のように，「生と死」の現実的な側面をあえて来園者に認識させることも必要であろう．ただし，この野毛山動物園の場合の曖昧な公表の仕方は，逆に問題かもしれない．暫定的にここで筆者の考えを提示しよう．「**もし本当に自然環境における動物たちの食物連鎖の有様を認識させることが目**

的であるならば，子どもにもこの『「園内リサイクル」の取り組みに関する学習の仕組みを設けるべきであろう』．

ところで，以上に述べた「園内リサイクル」と一見すると真逆の例として，大阪市天王寺動物園の「まさひろくん」（鶏）を挙げることができる（産経WEST, 2016）．この「まさひろくん」は，2015年7月に，タヌキやイタチの生き餌のために鶏の雛として購入された．同時期に，たまたま餌の食べ方を学習していないマガモの雛がおり，その先生役を担い生き餌という難を逃れた．同年9月には，「鳥の楽園」の区画に出没する野生のイタチのおとりにされるが，イタチが1カ月間出没せず命拾いした．若鶏になると通常は，ライオン等の肉食獣の餌となるが，たまたま猛禽舎からの要請がなかった．この3度の危機を乗り越え，同年10月にはその強運が話題となり，飼育員2人の名前（マサト・ヨシヒロ）から「まさひろ」と名付けられた．その後，この「まさひろくん」は生き餌の運命から解放され，飼育員とともに散歩したり，他の動物と触れ合ったりするようになった（図3-1）．その強運から，抱き上げた人が幸せになれると評判になっ

図3-1　大阪市天王寺動物園内の「まさひろくん」
2016年9月10日　著者撮影．

ている.その後,同じような境遇で「よしと」という弟分も現れた(THE PAGE 大阪, 2016).

このエピソードは,一見したところ,微笑ましい出来事として描かれているが,この2羽のいのちを継続させているのは,飼育員の判断と自らの幸せを祈願してこの「まさひろくん」や「よしとくん」を抱き上げる来園者といえる.つまり,園内の動物のいのちに人間が介入していることに変わりがないのである.本章の主題からは逸脱するが,「まさひろくん」を実際に抱き上げても,鶏本来の臭いや特有の毛並みをほとんど感じることはなかった(著者による確認).人間(飼育員や来園者)とより近い距離で生活している「まさひろくん」は,もはや飼育動物というよりもペットに近い存在となっている.ちなみに,この「まさひろくん」はマンガやアニメにおける「二次創作」(東, 2017)に類似している.「二次創作」とは,「マンガやアニメから,一部のキャラクターや設定だけを取り出し,『原作』から離れて,自分の楽しみのためだけに別の物語を作りあげる創作活動」(東, 2018)を指している.つまり,「まさひろくん」は,動物園の中で元々負わされた役割から切り離されて来園者の楽しみのために「二次的役割」を付与されたといえよう.

いずれにせよ,野毛山動物園で問題とされた「園内リサイクル」は,動物を含めた他者のいのちの継続に対して人間が介入することの是非に関わる重要な倫理的問題を含んでいる.

2. 人の死——脳死判定を例として——

ここで,本章の主目的から若干逸脱するが,人間の死の問題にも触れておこう.藤永(1992)によれば,医療技術の急速な進展に伴い,

次のような事象が生ずることになった.「脳が不可逆的に機能喪失あるいは細胞死している (脳死) にもかかわらず, 心臓・肺臓が機能を維持し続けている」ということが可能になったのである. このような所謂「脳死状態」は, 生と死の境界を曖昧にするとともに,「死の決定」を特定の人間に委ねたのである. つまり,「脳死の定義・判定基準」を人間の側に設定させることとなった. このような状況のなかで, 藤永 (1992) は, 意図的な脳死判定の可能性を指摘した. 例えば,「障がい者などが臓器提供者として意図的に早めの脳死判定をされる」ことが危惧される. また「脳死状態の患者の生命維持装置を取り外すかどうか」という問題なども生じた. このように, 脳死に関わる問題は, 実は, 先に言及した動物の生と死に対する人間による介入の問題と本質的に類似しているのである.

3. 動物園内に生息している動物のいのちの問題

旭山動物園園長の坂東 (2012) は, 高齢のオオカミを例として,「治療・延命は, 人間だけが持つ概念」ということを指摘している. つまり, この問題は,「動物たちを見てかわいいという感情」という人間側に起こる「勝手な」感情を根拠として, 動物のいのちの価値に差をつけながら展示することと, 本質的には同様であるといえる. 坂東は動物の「着飾った姿」ではなく「ありのままの姿」を来園者に見せることを重要視している. さらに彼は「動物園は楽しい場所で死を伝えるのはタブー」という考えに対抗し,「動物がどう生きるかということは, どう死ぬかということ」という理念を掲げ, 旭山動物園では動物の死の原因に関する説明を積極的に行っている.

ところで, 動物園に生息する動物のいのちに対する社会的介入の

極端な事例として，第2次世界大戦下に実際に行われた所謂「戦時猛獣処分」を挙げることができる．

「支那事変勃発」(1937年) や「日独伊三国軍事同盟締結」(1940年) と日本が戦争の道を進んでいく中で，太平洋戦争開戦 (1941年12月) の半年前に軍の命令により上野動物園・園長代理「福田三郎」は，「動物園非常処置要綱」を作成した (1941年7月；**表3-1-a**)．つまり，非常時 (＝戦争，とりわけ空襲) における動物園の対策が迫られたのである (恩賜上野動物園, 1982)．戦局が険しくなった1943年には，上野動物園で14種27頭の「猛獣処分」(大半が硝酸ストリキニーネによる毒殺) が行われた．この「猛獣処分」は他の動物園でも実施され，例えば，同年に大阪市天王寺動物園でもヒグマなどが毒殺された (10種26頭が犠牲, 大阪市天王寺動物園, 2016)．この処分は，隠れて実施されたのではなく，「動物ですら時局に協力して死地に赴く」と積極的に宣伝された (石田, 2010)．もともと市民にとって楽しみの場であった動物園が負の方向へ変容していく様は，日本の戦間期を生き抜いた詩人「小野十三郎」(1903-1996年) によって描かれている (**表3-1-b**)．

表3-1-a　「動物園非常処置要綱」における動物園飼育動物に対する措置

危急の度合い		措置
第1期	防空下令アリタルトキ	直チニ第1・第2種危険動物ノ処置準備
第2期	空襲アリタルトキ	第1・第2種動物処置ノ準備ヲ完了，待機ノ態勢ヲ執リ，第3種動物ニ対シテモ処置ノ準備
第3期	空襲ニ依ル爆撃火災等ノ危険接近シタルトキ	危険ノ規模，接近ノ程度ニ応ジ第1・第2種動物ヲ順次処置シ，更ニ危険ノ及ブトキハ第3種動物ヲモ順次処置ス

出典) 恩賜上野動物園 (1982).

ところで，上野動物園で飼育されていたジョン，トンキー，ワンリーの3頭の象に関するエピソードは（恩賜上野動物園，1982），動物のいのちに対する人間の介入の是非に関する問題として示唆的である．殺処分の要請の中で，動物園の飼育員たちは象のいのちを守るために仙台の動物園への疎開など対策を講じたが上手くいかなかった．1943年には，毒入りの馬鈴薯が与えられたものの象たちはそれを口にしなかったために，絶食させることとなった．ジョンがまず絶食させられ，13日目に死亡した．その後トンキーとワンリーも絶食に入ることとなり，ワンリーは17日目に，トンキーは30日目にいのちを閉じた．

　もともと凶暴な性格であったジョンについては，飼育員も処分を受け入れていたが，特にトンキーは穏やかで芸達者ということもあり処分が躊躇された．トンキーは，絶食させられても餌をもらおうと飼育員の前で芸をして見せていた．しかし，衰弱が進むと飼育員を見つめてばかりいるようになった．根負けした飼育員は2頭に少

表3-1-b　小野十三郎による『地下鉄動物園前』

オ父サン
イマ
動物園ニハ
キリンハヰマセン。
二匹トモ死ンデシマイマシタ。
キリンハ弱クテカワイサウデス。
昨日学校カラユキマスト
キリンノオウチニ
象ガヤドガエヲシテヰマシタ。

出典) 小野 (1979).

しずつ餌を与えていたが，最終的にはまったく餌を与えられずに象たちは餓死した．

　これまで飼育していた象たちを絶食させ処分するという行為は完全に人間側の都合によるものである．一方で，芸をして餌をもらおうとする象たちの仕草は人間の子どもを彷彿させるため，飼育員たちには相当な葛藤を引き起こしたと推測できる．象たちを餓死させてしまったことは，飼育員たちの中におそらく消えることがない後悔の念として深く刻まれたことだろう．このような3頭の象のエピソードは，戦争が人間のいのちを無慈悲に奪ったということだけでなく，動物園という場を舞台にした動物のいのちに対する人間の介入に伴う人間（＝この場合は飼育員）にとっての悲惨さを示している．

　なお，以上のエピソードは，土田（1970）によって絵本として公刊され，戦争が動物にとっても悲惨な出来事であることを今なお語り続けている（ちなみに，この絵本は現時点で第180刷に到達している）．しかし，長谷川（2000）は，この絵本が「猛獣処分」を次の3点で神話化したとして批判した．①「猛獣処分」の実施と米軍のよる大規模な空襲との間の時間差（本格的な東京空襲は1944年11月から），②「猛獣処分」の決定主体の曖昧化，③「猛獣処分」による国民の安全確保（空襲による動物舎倒壊に伴い猛獣が市民に害をおよぼす可能性）．要するに，長谷川が指摘するように，「猛獣処分」は，空襲時の危険対処というよりも「都民に一種のショックを与えて防空態勢に本腰を入れさせようという意図」によっているのである．土田が描いた『かわいそうな　ぞう』はこの意図を隠蔽し，実際には「死んだぞうの上を敵機が飛ぶという存在しえない場面」で「せんそうを　やめろ」という叫びで終わる．長谷川がいう「戦争という大状況」ですべて

を覆うことにより，実際には当時の軍部と動物園飼育員という当事者たちによる動物のいのちへの身勝手な介入という本質を消失させている．

上野動物園と同様に「猛獣処分」を行った大阪市天王寺動物園では（この処分は1943年9月から1944年3月に行われ，米軍による最初の大阪空襲は1945年3月であることから，上述の長谷川による批判の枠組みが同様に適用される），戦後まもなく園内に「動物慰霊碑」が建立された（**図3-2-a**）．さらに，今でも，戦時下の動物園における「猛獣処分」を歴史的に振り返ることにより動物のいのちに関する問題を考える試みが行われている（**図3-2-b**，**図3-2-c**）．

図3-2-a　大阪市天王寺動物園の「動物慰霊碑」〈1957年建立〉
2016年8月20日　著者撮影．

82　第Ⅰ部　動物園が果たす社会心理学的役割

図3-2-b　大阪市天王寺動物園における「戦時中の動物園展――戦災に消えた動物たちへの鎮魂――」での紙芝居上演〈2016年8月9日〜21日〉
2016年8月20日　著者撮影.

図3-2-c　大阪市天王寺動物園にて猛獣処分されたヒョウと飼育員・原さんの逸話
2016年8月20日　著者撮影.

2 動物を育てて自ら食べることの意味

　学校の中で子どもたち自らを動物飼育に従事させ，いのちの大切さを学ばせるという教育技法が，多くの学校とりわけ小学校で実践されている．立川・田中（2010）は山口県内の小学校を対象（330校）に動物飼育の現状を調査した．大半の学校（101校）が「情操教育（心，いのちの教育）」を挙げ，飼育教育の目的が「愛情飼育（人と動物が親しみ合う，情を通わす）」（175校）や「いのちの飼育（愛情飼育のうち，特にいのちに注目）」（142校）にあると答えた．さらに，動物飼育による子どもの変化については肯定的な結果をもたらしていると認めた（「動物をかわいがるようになった」，「いのちを大切にするようになった」，「責任感をもって育てているようだ」，「児童の気持ちがやすらいでいるようだ」）．ところが興味深いことに，「鶏を育てて大きくなったら殺して食べる」という設問に対する賛成意見は20.2％に過ぎなかった．つまり，立川・田中（2010）によれば，学校におけるいのちの教育の特徴をみると，「生」への過度の注目が顕著であり，「死」については積極的な理解を求めずオブラートに包み込まれているのが現状といえる．

　以上に述べたように，動物飼育を通したいのちの大切さの学習は，自ら飼育した動物を子どもたちが最終的に食べる機会を設けることによって，動物のいのちが人間にとってどのような意味をもつかを子ども自身に考えさせることも含まれることもある．石川・小野塚・良波・奥井・得丸（2016）は，小学校5年生を対象とした複合型授業「食を見つめる」の中で児童が書いた作文を素材としてテキスト

マイニングとクラスター分析によって児童の心情変化を捉えた.「豚飼育に関する事前の論議段階 ⇒ 実際に豚との関わりの段階 ⇒ 豚の出荷・食肉としての試食段階」に対応して,「豚やいのちに対する他人事のような意識」,「飼育に伴い自己の内面との向き合い」,「思考上の視野の広がりや内面化」という心情の変化過程が浮き彫りになった. 石川らは, このような授業の意義を認めつつ, 事情を熟知していない外部者からの反応による担当教師のストレスも指摘している.

ところで, 人気コミックの『銀の匙』(荒川, 2011) は, 北海道の農業高校を舞台に, 主人公〈八軒勇吾〉が, それまでの生活では遭遇しなかった環境の中で苦悩しながら, 自己成長を遂げていく物語である.〈八軒〉は中高一貫の進学校からあえて農業高校を受験し,入学した. この物語の前半では,先述した動物のいのちと人間にとっての食の問題が重要な軸として描かれている.

〈八軒〉は, 実習で世話をした子豚に情が移り, 名前を付けようとする. しかし3カ月後にその子豚は出荷される予定であり,「客観的に育てられる」という同輩の提案に従い〈豚丼〉と名付けた. その後, 彼は, ① 自ら飼育して成長した豚を食べるということと,② 人間が生きていくために動物を食べても構わないということとの間の葛藤に陥った. 最終的に, 3カ月後に自らのアルバイト代で〈豚丼〉の肉を買い取り, 自らの手でベーコンに加工し食した.

この一連の過程で,〈八軒〉は次のように発言している (荒川, 2011).「『生き物を食うってこんなもんだよね』って割り切って達観しちゃえば楽だけど, 俺は, それは, やっぱ嫌です!」「おいしく頂くのが供養になるとか, そういうのは人間のエゴだろ!」.〈八

軒〉の〈豚丼〉に対する想いは「動物殺しの罪責感」を意味するが，中村（2001）によれば，この罪責感を解消・軽減するために，「供犠の文化」と「供養の文化」という2種類の文化が歴史的に形成された（前者はキリスト教社会で，後者は日本で伝統的に継承・発展）．「供犠の文化」は，「動物を神の賜物」とし，「神から人間に贈られた動物のうち」，人間が自分たちのために利用したものを「返礼として神に返す」（供犠）という儀礼を伴う．他方，「供養の文化」では，「殺した霊を弔う」ために，動物は「供養」や「鎮魂」の対象とされる（中村，2001）．先に紹介した大阪市天王寺動物園の「動物慰霊碑」（図3-2-a）は後者の例である．「供養の文化」にある〈八軒〉の叫びは，この「供養」によっても「豚丼」を食べてしまうことによって生じる「罪責感」は解消されないという叫びともいえよう．

　〈豚丼〉だけでなく，この『銀の匙』に登場する動物の多くは，「経済動物」として人間に利用される立場にある．経済動物とは「効率よく大量に生産する事によって収入の安定を得る」ための存在を指している．〈八軒〉の同輩はほとんどが農家出身であり，教師を含め動物を飼育し食べるという行為は「あたりまえのこと」として受け入れられている．つまり，それぞれの動物にはいのちがあるという意識は希薄である．一方で〈八軒〉の「名前をつける」という行為は，「豚」というカテゴリーから〈豚丼〉という存在を区別するものであり，先述の経済動物という観念からは生じ得ない異なる感情を生起させてしまった．〈八軒〉の特異な行動をきっかけとして，まわりの人々が抱いている「経済動物」という観念も少しずつ変化していく様が描かれている．つまり同輩たちが〈八軒〉とともに，「動物を育て，殺して食べる」という過程を当然視せず，議論を交わす

ようになった．ちなみに，〈八軒〉による命名行為は，先述したニシゴリラの「シャバーニ」（名古屋市東山動植物園；第2章図2-3）でも見られるように動物園の飼育動物に対して一般的によく取られる．「動物に愛称をつけると，その動物は擬人化されて人にとって特別な存在となりうる」（成島, 2015）からである．〈八軒〉は，成島（2015）が指摘するように「名前に引きづられることで動物を動物として素直に見ることができなくなる危険」にもろに曝されたのだ．

動物たちを取り巻く環境や顛末は，人間によって定められているところが大きい．「動物を食べるために殺す」ということも，人間が生きていく上では必要不可欠である．『銀の匙』の作者は，その事実から目をそらすのではなく，動物のいのちを支配する側としての責任の自覚（食べる＝いのちを最後まで見届ける）を〈八軒〉を通して促しているといえる．

もちろん，この〈八軒〉の顛末は，石川ら（2016）が記している複合型授業実施に伴う教師側のストレスの存在を考慮するときわめて楽観的すぎるかもしれない．結局，ジャミーソン・デール（1986）が指摘するように，「人間の生存そのもののために必要なことは」「他の多くの生物たちの一員として生きることを学ぶこと」だとしても，人間が「多くの生物の上に君臨する」という考えに誘惑されがちになるからである．花園（2013a）によれば，「産業動物」（先述した〈八軒〉の「経済動物」よりも広義の概念）とは，「人間がいきていくために必要なものを生産あるいは提供する過程において，主要な役割を担う動物」である．この「産業動物」は「経営上の効率化」の中で「流れ作業のなかに埋没してしまう」（花園, 2013b）．「家畜の飼養」は「人口希薄地帯へと，半ば隔離」され，結果として野生動物と同様に「『ソ

ト』の世界の動物と化してしまった」のである（花園, 2013b）．〈八軒〉はいわば隔離された「ソト」の世界の動物（家畜）を「ウチ」に引き戻す力（家畜動物への情愛）に対峙したといえよう．なお，ペット動物の場合には，命名行為は，「よりよく生きられるための配慮や愛護」（新島, 2015）を促進し「ウチ」化される．

3　動物のいのちに関する問題の深遠さ

　冒頭部分で，著者なりの考えを提示した（「もし本当に自然環境における動物たちの食物連鎖の有様を認識させることが目的であるならば，子どもにもこの「園内リサイクル」の取り組みに関する学習の仕組みを設けるべきであろう」）．しかしながら，この問題を「動物を含めた他者のいのちに対する人間による介入」の是非という本質的問題として位置づけるならば，前述した脳死の問題，動物園内での動物のいのちに対する理念や，子どもに対するいのちの教育とも強く関わることになり，提示した著者による考えの妥当性についてはさらに深く考察すべきであるといえよう．さらにいえば，先に挙げた小学校における動物飼育をツールとしたいのちの教育の効果性や意義などについても（立川・田中, 2010；石川ら, 2016），「教師－児童」という枠組みだけでなく，親を含め地域社会全体で考えていくべき問題である．このように，所謂いのちの教育を地域社会全体に拡大することによって，当該地域で暮らす高齢者や障がい者なども含めた共生の問題などにもつながっていくだろう．

　ピーター・シンガー（Singer, Peter, 1986）は，知的能力による人間と他の動物の区別が例えば何らかの重篤な障がいを負っている者を

考えると単純に矛盾に陥ることを指摘している．彼によれば，この矛盾は「純粋で単純なスピージズム（種による差別）」を持ち出すことによってしか解決できない．実は，先述した「八軒」の顛末は，人間が他の動物よりも優位にあることを前提とした「スピージズム」に基づいているのだ．しかしながら，「倫理的見地からいえば，二本足であろうと，四本足であろうと，足がなかろうと，すべて同じ立場にあるのである」（Peter, 1986）ことに単純に同意することは，菜食主義者への誘いとなる．

　動物園における「園内リサイクル」の問題を契機とした本章での論議は，以上で考察したように単純ではない．例えば，自然界における人間の位置を巡る根本的問題と対峙しなければならない．デカルト（René Descartes, 1596-1650年，1637）は，「精神」の専有性を人間に付与することにより，人間の「豊かさ」をもたらす近代科学を推進した（表3-2-a）．しかし，この専有性の仮定は，キリスト教的世界観に由来すること言うまでもなかろう（旧約聖書　創世記, 2010；表3-2-b）．このいわば人間中心主義的仮定は，比較認知科学が得た種々の知見によっても否定される．藤田（2007）は，①見えの世界（色覚や形態認識など），②思考（推論，数認識，道具の理解など），社会的知性（欺きと協力など）に関する種々の観察研究や実験的研究で得られた諸知見を通して，人間も含めた生き物の多様性を示した．その上で，人間中心主義の愚かさを提起した．本章で対象とした動物のいのちに関する問題は，結局は人間存在をどのように捉えるのかという深遠な観点から今後も継続して取り組んでいくべきであろう．

表3-2-a　デカルトによる人間の「精神」の専有性の仮定

理性あるいは良識が私どもを人間たらしめるもの，私どもを動物と区別する唯一のものであるかぎりは，それは完全にひとりびとりにそなわると私は考えたい．……むしろかれらが（動物）が精神をまるで持たぬこと，かれらにあって働くものは自然そのものなので，かれらの器官の配合にもとづくということを証明するのである．それはあたかも歯車とぜんまいだけで成り立つ時計が，あらゆる智慧を尽くしてかかる私どもよりも正確に，時刻を算え時間をはかりうるようなものである．……

出典）Descartes (1637).

表3-2-b　キリスト教世界観における人間と自然との関係

われわれは人をわれわれの像の通り，われわれに似るように造ろう．彼らに海の魚と，天の鳥と，家畜と，すべての地の獣と，すべての地の上に這うものとを支配させよう．……見よ，わたしは君たちに全地の面にある種を生ずるすべての草と，種を生ずるすべての草と，種を生ずる木の実を実らすすべての樹を与える．それを君たちの食糧とするがよい．またすべての地の獣，すべての天の鳥，すべての地の上に這うものなど，およそ生命あるものには，食糧としてすべての青草を与える．……

出典）『旧約聖書 創世記』(2010).

[付記]
(1) 本章の構想にあたっては，生活デザイン専攻での講義「生活と倫理特論」（小﨑眞教授；2016年度春学期）を古性摩里乃が受講した際のいのちの問題に関する論議が契機となった．
(2) 本章は，『生活科学』（同志社女子大学）誌に掲載した論文に基づいている（「人間による動物のいのちに対する介入をめぐる諸問題――いのちに関する考察――」，『生活科学』（同志社女子大学），2016，**50**，50-55．）．

引用文献
東浩紀　2017『ゲンロン0――観光客の哲学――』ゲンロン．
荒川弘　2011『銀の匙 1-4』小学館．

坂東元　2012「伝えあう生命（いのち）の輝き――行動展示と動物の子育てを中心に――」『教育心理学年報』, **51**, 177-182.

René Descartes 1637 *Discours de Méthode* 落合太郎（訳）1953『方法序説』岩波文庫.

藤田和生　2007『動物たちのゆたかな心』京都大学学術出版会.

花園誠　2013a「産業動物の歴史」石田戢・濱野佐代子・花園誠・瀬戸口明久（著）『日本の動物観――人と動物の関係史――』東京大学出版会, 73-103.

花園誠　2013b「産業動物と動物観」石田戢・濱野佐代子・花園誠・瀬戸口明久（著）『日本の動物観――人と動物の関係史――』東京大学出版会, 124-142.

ジャミーソン・デール（Dale, Jamieson）1986「動物園反対論」ピーター・シンガー（Singer, Peter）（編）戸田清（訳）『動物の権利』（*In Defence of Animals*〈1985〉）, 技術と人間, 184-200.

藤永芳純　1992「生命倫理の諸問題――脳死と臓器移植をめぐって――」『道徳教育学論集』, **7**, 33-48.

長谷川潮　2000『戦争児童文学は真実をつたえてきたか』梨の木舎.

石田戢　2010『日本の動物園』東京大学出版会.

石川みどり・小野塚知美・良波祥吾・奥井一畿・得丸定子　2016「小学校での動物飼育授業における児童の心情変化――豚の飼育から出荷まで――」『上越教育大学研究紀要』, **35**, 239-255.

旧約聖書 創世記　2010　関根正雄訳『旧約聖書 創世記』岩波文庫.

中村生雄　2001『祭祀と供犠――日本人の自然観・動物観――』法藏館.

成島悦雄　2015「人に見られる動物たち――動物園動物――」高槻成紀（編著）『動物のいのちを考える』朔北社, 155-207.

新島典子　2015「いのちの『食べかた』を考える――産業動物――」高槻成紀（編著）『動物のいのちを考える』朔北社, 107-153.

小野十三郎　1979『定本 小野十三郎全詩集 1926-1974』立風書房.

恩賜上野動物園　1982『上野動物園百年史』第一法規出版株式会社.

大阪市天王寺動物園　2016『天王寺動物園100年の足あと』大阪市天王寺動物園.

ピーター・シンガー（Singer, Peter）1986「プロローグ・倫理学と新しい動物解放運動」ピーター・シンガー（Singer, Peter）（編）戸田　清（訳）『動物の権利』（*In Defence of Animals*〈1985〉）技術と人間, 17-31.

立川奏枝・田中理絵　2010「小学校教育における動物飼育といのちの教育」『山

口大学教育学部研究論叢（第 3 部）』，**59**，191-205．
土田由岐雄　1970『かわいそうな　ぞう』金の星社．

[インターネット]

AERAdot.　2014「ふれあった動物がエサになる　残酷な『園内リサイクル』」 *http://dot.asahi.com/aera/2014021900004.html* 〈2016 年 7 月 21 日閲覧〉．

産経WEST　2016「"奇跡のニワトリ"意外な人気　『生き餌』のはずが 3 度も生き延び…『会えたら幸せになれる』」*http://www.sankei.com/west/news/160604/wst1606040034-n1.html* 〈2016 年 9 月 7 日閲覧〉．

THE PAGE 大阪　2016「エサから一転人気者に 天王寺動物園『幸運のニワトリ』話題」*https://thepage.jp/osaka/detail/20160606-00000002-wordleafv* 〈2016 年 9 月 7 日閲覧〉．

第Ⅱ部 地方動物園が抱える問題と地域での役割

4 日本における地方動物園の現状
——いくつかの地方動物園に関する考察——

1　日本における地方動物園の現状

1. 公立動物園におけるパラダイム転換

　佐渡友（2015）は，第2次世界大戦後の日本における公立動物園の経営分析を民営動物園と対比しながら試みた．GDPに基づくマクロ経済指標を利用して日本全体の経済的変化を加味することにより経営指標の相対化を図った．その上で，公立動物園の維持収支について次の2点を認めた．①1957年頃まではプラスであり，自主財源で維持管理費が賄われていた，②1967～1976年にかけて急速にマイナスが拡大し,公的資金の導入を前提とした経営が定着した．対照的に，民営動物園の場合には次の2点の特徴があった．①1951～1966年まではおおむねマイナスであり，本社による資金投入によって運営されていた，②1967年にプラスに到達して以降，プラスかゼロ付近で推移していた．以上の分析に基づき，佐渡友は，日本の公立動物園経営のパラダイム転換（公的資金の投入を前提とした運営）が1960年代半ばから1970年代半ばにかけて起きたと結論づけた．

　このパラダイム転換は,動物園の入園料の推移にも対応している.

民営動物園では1960年代後半以降上昇しているのに，公立動物園の場合には1950年代半ば以降実質的に下降している．つまり，後者の場合，自主財源として入園料があてにされていないのである．この問題は，1951年に制定された博物館法で定義された教育施設に動物園や水族館が含まれるかという可能性に関連する（第1章参照）．教育施設であるならば公的資金の投入は当然となり，入園料の値上げは理念に反することになる．このことと，独立採算的な志向を前提とした動物園経営とは矛盾することになり，その解決としてパラダイム転換が生じたのである．佐渡友（2015）が指摘するように，公的資金投入の前提となる「公益性」は博物館法で定義された教育施設という概念よりもむしろ「家族連れのレクリエーション」に変化していることは否めない．したがって，佐渡友が認めたパラダイム転換が公立動物園の経営にどのような影響をもたらしたのかは，今後も考察すべきであろう．

さらに，佐渡友（2016）は，動物園や水族館に従事する職員数に注目し，戦後からの年代ごとの推移を検討した．その結果，次の2つの特徴が浮き彫りになった．① 有料の公立動物園の場合には，戦後すぐには40人を超えていたが1950年代後半には30人に落ち込んだものの，その後回復し1990年代には40人を超えた．② 民営動物園では1960年代頃までには110人まで達したが，その後減少し2000年頃には50人を下回りその後回復し60人前後となっている．① については先述のパラダイム転換に対応しているが，② の傾向は民営動物園による人件費削減努力を示しているといえよう．

以上に述べたように，公立動物園経営のパラダイム転換の問題は近年公共施設の運営に適用されている指定管理者制度と関連してい

る．この制度は，2003年から地方自治法の改正に伴い，「地方公共団体の指定する者（指定管理者）が管理を代行する」ことが可能となった（京都市，2007）．上野動物園や野毛山動物園などが指定管理に切り替わったが，この制度の公立動物園への適用は佐渡友（2016）が指摘しているように問題がないとはいえない．例えば，「整備を行う自治体職員」と「飼育をする指定管理者の職員」が別組織になり，「飼育基準」に適合できるかどうかという懸念を指摘できる（大阪市建設局，2016）．

　日本では，法制度上，動物園は博物館の一種であると見なされてきた（第1章参照）．しかしながら，この博物館法は動物園自体を規定している法律ではなく，実際，動物園のうち博物館法による登録博物館は2園にすぎない（環境省動植物園等公的機能推進方策のあり方検討会，2014）．打越（2016）が指摘するように，日本の動物園は，組織上「日本動物園水族館協会（JAZA）」によって管轄されているが，法律的に見ると元々別の目的のために定められた法律によって多重に位置づけられている．例えば，①都市公園法（国土交通省所管，1956年公布），②動物愛護管理法（環境省所管，1973年公布），③鳥獣の保護及び管理並びに狩猟の適正化に関する法律（環境省所管，2002年公布），④絶滅のおそれのある野生動植物の種の保存に関する法律（環境省・経済産業省・農林水産省所管，1992年公布）などである．このような動物園の曖昧ともいえる位置づけを明確化するために，2013年より環境省において動物園・水族館の社会的役割や公的機能に関する検討が開始された（環境省動植物園等公的機能推進方策のあり方検討会，2014）．

2. 地方動物園における再生戦略事例

以上に見たように，佐渡友（2015）によれば，日本の公立動物園では公的資金の投入を前提とした運営へと1960年代半ばから1970年代半ばにかけて変化した．しかし，打越（2016）が指摘するように，日本の動物園の大半は戦後から高度成長期までの間に設立され，「単純なるレジャー施設として一般的な公共施設と同じような評価基準」すなわち「入場者数と経営にかかる費用だけで施設を評価する土壌」に埋没してしまうことになった．とりわけ中小の動物園は，「施設の老朽化や動物の高齢化」や「入園者数の減少」などに苦しむことになった（打越，2016）．以下に，このような状況下での小規模公立動物園における再生努力をいくつか列挙しよう．

打越（2016）は，上野動物園，大阪市天王寺動物園，東山動物園に次ぎ，1926年に設立された小諸市動物園が自治体の厳しい財政状況や施設老朽化の問題に対して地域住民との連結によって再生する様子を取り上げた．2014年にシンポジウムを開催した結果，動物園が抱える以下の3つの課題が浮き彫りにされた．①飼育動物の高齢化，②臨時職員・派遣職員に依存した職員待遇の厳しさ，③小諸市の予算の中で動物園事業が独立採算として位置づけられていること．このシンポジウムを契機として，園内での企画の活性化（天然記念物・川上犬との散歩，ペンギンによる「流しアジ」パフォーマンスなど），動物園が位置する小諸城址懐古園との連動，SNSによる情報発信などが行われるようになった．ちなみに，この動物園では2017年2月に同園で人気のある15歳の雌ライオンによって女性飼育員が重傷のけがを負わせられる事故が起こり，閉園となった（産経ニュース，2017a）．しかし，「小諸市動物園安全対策検証委員会」によって飼育

員による扉を閉め忘れるという「人為ミス」との報告がなされ（産経ニュース，2017b），5月には動物園は再開された．

ところで，児玉（2013a）は，「人間の協働によって，限られた経営資源をいかにして効果的に活用していくか」という経営学的観点から動物園の問題を論じた．児玉の出発点は，「低成長・少子高齢化社会に伴う財政基盤の脆弱化」が「公的組織に投入できる経営資源」の縮小化をもたらし，高度成長期のような「公共サービスの提供」が困難に陥っているという一般的現状にある．このような現状の中で，動物園の経営戦略も立てなければならない．

地方財政の逼迫の中で公立動物園の運営が従来型の経営戦略の立て直しを迫られているが，児玉（2013a）は，北海道・旭山動物園や山形県・加茂水族館による時代の変化に対応した再生戦略の事例を挙げた．従来型の経営戦略においては，動物園職員は「動物を生かす」ことに喜びを得，さらに「繁殖が成功する」ことを目標にしてきた．つまり，「入園者に喜んでもらう」という「顧客満足（customer satisfaction）」の視点は希薄になりがちであった．その結果，1980年代から2000年代初頭にかけて，動物園入園者数の大幅な減少が生じた（児玉，2013a）．このような状況に対して旭山動物園（1967年開園）が採用した経営戦略と具体例を**表4-1**に示した．旭山動物園の再生努力と挫折の克服に関する過程はドキュメンタリーとして視聴できる（プロジェクトX，2011）．

他方，同様に入園者数の落ち込みに直面した鶴岡市立加茂水族館（1930年開館）はクラゲに特化した展示戦略を採用して成功を収めた．これは，苦し紛れに展示したサンゴ水槽に発生したクラゲから始まる．クラゲ専用の水槽を独自に開発するとともに，継続展示のため

表4-1 低成長・少子高齢化時代に対応した旭山動物園の経営戦略

戦略	旭山動物園の事例
ビジョナリー・リーダーとしての園長の役割	閉園後の会合における各施設の展示方法に関する「夢」の構想づくり.
従来の動物園では見られない独自なサービスの提供	「こども牧場」,「猛獣館」,「サル山」,「ペンギン館」,「オランウータン空中運動場」など.
3G(Genba, Genbutu, Genjitu)主義の徹底	飼育係から飼育展示係への名称変更,「もぐもぐタイム」,「ワンポイント・ガイド」など.
顧客創造と顧客関係管理の推進	HPによる情報発信,飼育員ブログ,サポーター制度,「フォトコンテスト」,「絵本読み聞かせ会」,「児童動画コンクール」,「わくわくゲーム大会」,機関誌「モユク・カムイ」の発行.
外部資源の有効活用	市民ボランティア「旭山動物園読み聞かせの会」,NPO「旭山動物園くらぶ」など.
パブリシティ戦略の重視	園長による後援会・シンポジウムへの出席やマスメディアへの出演,日常的なプレス・リリースなど.
企業の社会的責任	「夜の動物園」,「絵本の読み聞かせ会」,水を使用しない「バイオトイレ」,動物病院など.
評価と改善活動	閉園後のスタッフによる反省会,「チンパンジーの森」オープンなど絶え間ない改革.

出典:児玉(2013).

の自家繁殖まで行い，クラゲの展示室（「クラネタリウム」）を設置するに至った．公的資金に頼ることなく自力での獲得資源によって来園者に感動を与えることができたのである．児玉（2013a）によれば，「クラゲ展示世界一」という館長によるビジョナリー・リーダーシップに基づき，「鶴岡市クラゲ研究所」や館内レストランでのクラゲメニューなど，新たな経営戦略の成果を示しているといえよう．

地方動物園ならではの特徴的な夏休みイベントとして周南市徳山動物園（1960年開園）の「うんこ展」の開催（2017年7・8月）を挙げることができる（周南市徳山動物園, 2017a）．この体験型イベントでは，もともと飼育されているキリンやシマウマなどの「うんこ」に関する学習が目的とされる．さらに，4日間ではあるが「ぞうのうんこで紙をつくろう」というワークショップも開催される．

実は「ぞうのうんこ」から紙を作成することは，象と人間とを共生させるビジネスモデルとしてスリランカで積極的に推進されている．野生の象と人間とのトラブルを解決するためにこのモデルが立案され，「ぞうのうんこ」が「ぞうさんペーパー」工場を通して住民に利益をもたらしているのだ（株式会社ミチコーポレーション, 2017）．「うんこ展」というタイトルは奇抜な印象を与えるが，以上に述べたように動物と人間の共生の仕方に関する学習へと来園者は導かれるのである．この試みは，「ぞうさんペーパー」で作成された絵本として紹介されている（Ranasinghe, 2006）．この絵本の構成は以下の通りである．① 人間がジャングルの木を伐採したことによる象の食べ物の不足，② 餌を求めて人間の居住区域に出没した象と人間との争い，③ 繊維がかなり含まれている象の「ウンチ」を利用した紙の生産，④ 象と人間との共生の可能性．

ちなみにこの周南市徳山動物園は，一般的に気持ち悪いという感情を引き起こす生き物を集めた催しである「キモい展」（大阪や東京などで2017年に開催）の製作・協力を行っている（周南市徳山動物園, 2017b）．この試みは，「キモい」という通常は回避的な行動につながる感情を逆に利用して，生き物の多様性への関心を深める試みといえよう．

　児玉（2013b）が指摘するように，パンダなどの希少動物を導入することによる魅力的な動物園づくりは地方公立動物園が置かれている厳しい財政状況を考えれば，かなり困難といえる．つまり，持続可能性という観点からは「動物園にしかできない役割」をそれぞれの動物園が見極めることが重要となる．つまり，動物園に個性の発揮が求められているのである．児玉によれば，東京都・羽村市動物公園（1978年開園）の繁殖個体数の多さ，長野市茶臼山動物園（1983年開園）における青少年のための教育関連事業（交通アクセス上の不便さを逆手に取った），「義足のキリンたいよう（2001–2002年）」で2000年代初頭に注目された秋田市大森山動物園（1973年に開園）における「秋田市大森山動物園条例」の制定（2006年）に伴う総合的な改善努力などをこの個性化への対応として指摘できる．

　東（2013）は，地域コミュニティの観点から次の２つの点で動物園の役割があるとした．①観光の軸としての動物園，②地域風土・文化保全の手段としての動物園．①については，「行きたい価値」（＝ブランド）を動物園にいかに付加するかということである．この成功例としては，旭山動物園や沖縄県・美ら海水族館などを挙げることができる．しかし，日本全国からの集客という目標が一般的に可能であるかという問題がある．つまり地域独自の方針に従って運

営を図るという，地域ブランドの考え方がこれに対置される．つまり，地域体験の場として動物園が機能すれば，地域に対する誇りや愛着が生み出され，結果として地域ブランドが創造される．②の先駆的な事例として，東（2013）は，富山市ファミリーパーク（1984年開園）の「里山再生活動」を挙げている．もともと園内に残されている里山を活用して生き物の展示を行っているのである．「里山生態園」（2011年公開）では，ホンドザルやホンドタヌキなどの本来の生態が観察可能となっている．これは動物園内だけの活動に留まらず，地域住民との協働として里山の再利用を考える場を提供するに至っている．

2　関西圏に位置する地方動物園に関するいくつかの観察事例

ここでは，関西圏に限定して，公立動物園である福知山市動物園と五月山動物園，および私設動物園である大内山動物園における現場観察を報告しよう．

1．福知山市動物園

福知山市は，京都府北部の中丹に位置し，「明智光秀」が城（福知山城）を構えたことによって繁栄した城下町に由来する．第2次世界大戦前までは，京阪神地区と舞鶴港を結ぶ重要な軍事都市として栄えた．このため，福知山市内には複数の鉄道路線が存在している（JR福知山線，JR山陰本線，京都丹後鉄道宮福線）．このような立地を活かしながら，福知山城を中心とする観光だけでなく，大規模な工業団地（長田野工業団地）も設けられている．現在の人口は8万人弱であ

る（2017年7月現在7万9166人；福知山市，2017）．

　福知山市動物園は，以下に述べるように個人的飼育から出発した特異な動物園である．1951年に御霊公園に福知山信用金庫から台湾ザル3匹が寄付された．その台湾ザルの飼育には公園敷地内の図書館の職員があたっていた．しかし，世話が大変なため，福知山市動物園・現園長の二本松俊邦氏の小鳥店を営んでいた両親が餌代を受け取り，飼育を引き受けた．さらに，1956年には白鳥，1961年には小鳥舎の飼育も任された．福知山市によって1960年より進められた三段池公園整備の過程で，もともと御霊公園内にあったこの動物園は1978年に三段池公園に移設されたが，引き続き元々動物園に勤務することが夢であった父親が運営に関わった．

　1985年には入園が有料化され（ちなみに現在は大人210円，4歳～中学生100円），1995年になると現園長である二本松俊邦氏が，父親の高齢化に伴い運営に関わるようになった．この時期の入園者数はおよそ3万人であった（二本松，2017，私信）．

　2010年には，ニホンザルの赤ちゃん「ミワ」とイノシシの子「ウリボウ」の「友情」が話題になった．ともに生後1カ月くらいで親と離れているところを動物園に保護された．飼育員が試しに近づけたところ「友情」が芽生えたのである．その後，「競馬のようにミワがウリボウの背中に乗り」園内を駆け回るようになった（両丹日日新聞，2010a；2010b）．ともに3歳を過ぎてもこのような「友情」は続いている（両丹日日新聞，2013）．この「ミワ」と「ウリボウ」の友情は福知山市動物園の入園者数の増加に多いに貢献した（「それまでの入場者数は6万人．このブームで半年間に13万人増え，19万人になりました」（二本松，2017，私信））．

その後，このブームは一端下火になったが，今度はテレビ番組との連携により再び入園者数の増加が生じた．日本テレビの人気番組「天才！志村どうぶつ園」（日本テレビ，2017）の中でタレントが動物の赤ちゃんを飼育するコーナーがあり，タレントの「瀧本美織」が福知山市動物園のシロテナガザルの「桃太郎」を一定期間泊まり込んで飼育した（瀧本，2014）．この番組のおかげで「桃太郎」を見に来る人が増えた．1917年にはレッサーパンダの繁殖に成功した．誕生した2匹の雄の名前を公募し，「明智光秀」にちなんだ名前である「光（みつ）」と「秀（ひで）」が採用された（両丹日日新聞，2016；図4-1-a）．

以上に述べたように，この福知山市動物園は，ある意味で家族的飼育として出発した．先述した地方公立動物園の現状と一致して，動物園施設として見ると動物園の面積はおよそ1万700m^{2}であるが，決して充実した環境にあるとはいえない（図4-1-b，図4-1-c）．しかしながら，偶然生じた奇妙な「友情」や，テレビ番組との連携，あるいは福知山市民が愛着をもてる命名など，地域の動物園として最大限の努力を行っているのである．

図4-1-a　お披露目されたレッサーパンダの「光」と「秀」
2016年10月9日　著者撮影．

図 4-1-b 福知山市動物園の入園口
2016年10月9日 著者撮影.

図 4-1-c 新設されたレッサーパンダ舎
2016年10月9日 著者撮影.

2. 五月山動物園

 五月山動物園が位置する池田市は，大阪府の豊能地域に属している．古代から「呉服の里」と呼ばれ，平安時代後期から荘園として栄えた．南北朝時代には，池田氏によって池田城が築かれたが，戦国時代には廃城となった．この城の跡地が今では池田城址公園となっている．池田市内では2つの阪急電鉄の路線が利用可能である（阪急宝塚本線，箕面線）．市内にはダイハツ工業の本社などがあり，近隣には大阪国際空港が位置している．現在の人口はおよそ10万人である（2017年7月現在10万3348人；池田市，2017）．

 五月山動物園は，1949年に整備が開始された五月山公園の中に1957年に開園した．大きさはおよそ3000m^{2}とかなり小規模であり（**図4-2**），入園料は無料である．阪急・池田駅から坂道を徒歩およそ15分かけて登らなければならないという点で，先の福知山市動物園ほどではないが，訪れるのにやや負担がかかるといえる．しかしな

図4-2　五月山動物園の入園口
2016年11月30日　著者撮影．

がら,1980年代に人件費や飼育費の財政的問題に加えゴルフ場計画の浮上に伴い,この動物園の閉鎖が論議された.興味深いことに,結局は,市民の後押しによって園は存続されることになった（川田,2007).

この動物園は,先述したように訪れるのに多少の負担がかかるが,五月山公園内に立地していることを活かして公園内での桜や紅葉見物など,また近隣にある五月山体育館,都市緑化植物園,児童文化センター,あるいは池田城跡公園などと一体化した集客戦略を取っているといえる.また,五月山動物園については第5章でも言及するが,ローンセストン（Launceston）市（オーストラリア）と池田市との「姉妹都市」提携に伴って寄贈されたウォンバットを動物園の「目玉動物」としてインターネットなどを含め情報発信している.

3. 大内山動物園

2017年8月1日に渋川動物公園（岡山県・玉野市）で飼育されているアルダブラゾウガメの「アブー（体長1m）」が行方不明になったと報じられ,話題となった（朝日新聞DIGITAL, 2017).懸賞金50万円がかけられたが,およそ2週後の16日に園から150mくらい離れた山中で無事発見された（産経ニュース,2017c).この渋川動物公園はおよそ10万m^{2}の敷地を有するが,公立の施設ではなく,宮本純男氏によって1989年に個人的に設立された.宮本氏は,米国での農業研修を終え帰国し,1965年に玉野市に玉野バードセンターを開店した.イヌや鯉などの繁殖も手がけたが,生き物に無関心な子どもや若者の存在に気づき（「カブトムシが電池で動くと信じていた子ども」や「ニワトリの絵を四つ足で描いた大学生」（宮本,2017)),動物園施設の計画に

着手した（1980年に市に事業計画書を提出）．1989年には，18人の従業員とともに渋川動物公園を開園するに至った．ちなみに，「動物公園」という名称は，宮本氏の次の思いを反映している．① 施設を取り巻く環境の享受（「山の起伏や景観，二千本の果樹をはじめとする植物」（宮本，2017）），② 人と動物が共生する場所としての「動物公園」（「見て，ふれて，人と動物が同じ目線でなかよくなってもらう」，「園内で飼育するすべての動物がいきいきと過ごせるように配慮」（宮本，2017））．② の点は，興味深いことに，動物展示という博物館的な発想を排している．

この渋川動物公園では，「動物のありのままの姿に出会える」という概念の下におよそ80種600匹（羽）の動物が放し飼いにされており，自由にふれあうことができる（山陽新聞digital, 2017）．この概念がある意味で仇となり，「アブー」の脱走につながったのである．この動物園は，分類上は私設動物園として位置づけられるが，大企業が営んでいるわけではなく，個人的努力を基にしているという点できわめて興味深い存在である（例えば，加森観光株式会社によって運営されている姫路セントラルパークの入園料は3500円であるが，渋川動物公園の入園料は1000円である〈ともに大人〉）．

渋川動物公園で飼育されている動物は，ミニホースやヒツジなどで構成され，動物園の定番である肉食獣などは含まれていない．対照的に，三重県度会郡大紀町にある私設動物園の大内山動物園はもっと小規模でありながら，ライオンやベンガルトラなどの肉食獣も飼育されており，伝統的な動物園の体裁を維持している．

この大内山動物園は，飼育動物数70種400体余りを抱えた中規模の動物園である（**図 4-3-a**）．私設でありながら，ベンガルトラ，ライオンや，ウマグマなどもおり，先述した池田市五月山動物園など

にも引けを取らない施設である．ただし，近畿圏や名古屋圏からの大行楽地である「志摩マリンランド」の西方に位置しているが，山間部にあり交通の便の点では自家用車を利用するしかない（JR紀勢本線・大内山駅から徒歩約30分；自動車の場合には紀勢自動車道・紀勢大内山JC利用）．三重県は，地理的には東海圏に含まれるが，以上の理由でここでは関西圏の動物園として扱った．

この動物園はもともと1970年に脇正雄夫妻によって少数の動物（10種類程度）を飼育する大内山脇動物園として出発した．しかし経営難に陥り地域のふるさと創生事業への参入も構想されたが，統合されることもなく維持され，園内は荒れ果てていった（「動物はやせほそり，獣舎は異臭を放ち，実にあわれな現状」（三重県観光キャンペーン推進協議会，2015））．脇正雄氏が亡くなったことを契機に，山本清號氏（名古屋市・総合プラント株式会社・代表取締役）が大内山動物園として継承・運営することとなった．

図4-3-a　大内山動物園の入園口
2017年8月27日　著者撮影．

山本氏は私財を投入しこの動物園の再建に着手した．2009年の仮オープンの時からこの動物園で働いている阿部貴広氏（現・係長）によれば，尾鷲ヒノキをふんだんに使った新たな獣舎に古い獣舎を変えていく作業が現時点で9割方完了しており，今後も園全体を拡大する計画であるとのことである（阿部，2017：ヒアリング／総面積2万5000m^2，山本清號園長による私信）．なお，尾鷲ヒノキを利用した獣舎群は園全体をログハウスでリゾート地風にしているが，このヒノキの利用は，高い耐久性や抗菌性という点からだけでなく，尾鷲地域の林業の活性化にも配慮している（阿部，2017：ヒアリング）．

　さらに，この動物園の特徴として多くの保護動物を積極的に受け入れている点を挙げることができる．山本氏は，動物愛護精神の啓発活動を行っている「公益財団法人動物環境・福祉協会Eva」の名誉顧問に就任している（公益財団法人動物環境・福祉協会Eva，2017）．この保護動物の受け入れは近隣自治体を媒介としても行われており，この動物園と地域とのつながりも生み出しているのである（阿部，2017：ヒアリング）．

　先述したように，この大内山動物園は，動物好きであった人物が山間に設けた施設に由来している．したがって，敷地自体は広いが長細い形状となっている．このためもあって，通常の動物園施設とは異なり，獣舎が通り道の両脇に基本的に並んでおり，これが独特な雰囲気を生み出している（図4-3-b）．また家族連れの小さな子どもなどが常に親の視線の範囲にあるという利点も生じている．

　ところで，この動物園における動物展示の方法として基本的に「檻」が用いられている．これは，一般の動物園の展示方法からすると古典的といえよう（ちなみに，山間の少し小高い所にヒツジやシカた

ちのための放牧場が造られている).もちろん,この「檻」型獣舎は,先述したようなヒノキ造りであることに加え(この獣舎は飼育員によってかなり清潔に保たれている〈著者による現場観察〉),「檻」と来園者との距離が猛獣類の場合でもほぼ1mしかなく,来園者に近接感や満足感を生じている.エドワード・ホール(Hall, 1966)によれば,動物は,「特定の土地の一部であるなわばりのほかに,一連のあわというか不規則な形をした風船」すなわち空間を形成しており,異なる種に対しては「逃走距離」と「臨界距離」が存在する(ただし,種により距離は異なる).「逃走距離」によって,動物は「人間あるいはその他の敵が近づいても,ある一定の距離になるまでは逃げずにいる」(Hall, 1966)のである.さらに,家畜化の過程で,人間は,当該の動物をもつ「逃走距離」を縮減する.「臨界距離」は「逃走距離」と「攻撃距離」との間のせまい帯のことをいう.ホール(1966)は,「動物園においては,おりの中の動物が人間に驚くことなく歩きまわった

図4-3-b 大内山動物園の園内
2017年8月27日 著者撮影.

り，眠ったり，餌を食べたりできるよう」に「逃走距離」確保の重要性を指摘している．他方，人間が形成する空間は，①密接距離，②個体距離（40.7cm～），③社会距離（1.22m～），④公衆距離（3.66m～）から成る（Hall, 1966）．したがって，「檻」と来園者との距離については，来園者の側からは①や②の範囲にあれば当該動物に対する親しさを生じるが，動物の側からは「臨界距離」を超えストレスが生じないように注意すべきであろう．

ちなみに，ベンガルトラ，ライオンや，ウマグマなどを「檻」の中で飼育することは，近年重要視されている環境エンリッチメントの考えからすると不適切と言わざるをえない（図4-3-c）．環境エンリッチメントとは，「動物の種にふさわしい行動と能力を引き出し，動物福祉を向上させるような方法で動物の環境を構築し，改造する」と定義される（石田，2010）．例えば，旭山動物園における行動展示はこの考えの最先端に位置するといえるが，動物園における環境エ

図4-3-c　大内山動物園で飼育されているライオン
2017年8月27日　著者撮影．

表 4-2　動物園における環境エンリッチメントの試み

［方法］	［具体例］
飼育空間の改善	植栽，隠れ家やプールの設置，土地の高低差など．
遊び道具	放飼場にボール，タイヤ，ブランコ，寝室に乾草や段ボール箱．
給餌方法の工夫	餌を壁に塗りつける，まき散らす，隠す，食べ慣れない餌を与える．
動物の社会性の刺激	群れで暮らす動物は群れで，単独生活の動物は単独で．
感覚による刺激	香辛料，薬草，香水や他の動物の尿や糞，録音された音．
認知刺激	頭を使わなければ餌にありつけないようにする．
訓練	注射器でジュースを飲む訓練（服薬の投与可能），口を開けさせる訓練（虫歯や口内の検査円滑）．

出典）成島（2015）．

ンリッチメントは様々な仕方で具体化される（**表 4-2**）．しかしながら，この大内山動物園が，公立でもなく，大企業の傘下にあるわけでもないことを前提にすると，資金面の点から環境エンリッチメント志向に単純に走ることはできないであろう．私設とはいえ，そもそも三重県に唯一存在する動物園施設であることや，保護動物の積極的受け入れを行っていることからも，この大内山動物園は動物園が果たすべきいくつかの役割を確かに満たしていると判断できよう．

3　地方動物園の未来

本章では，佐渡友（2015, 2016）による日本の公立動物園に関する経営分析を出発点とした．戦後の高度成長の終焉に伴い，多くの公立動物園や地方動物園の経営悪化が起きた．しかしながら，地域との連携方略や動物園の特徴の特化方略などによる再生努力の有効性

と可能性が確認できた．また，① 教育，② レクリエーション，③ 自然保護，④ 研究という動物園の役割（石田，2010）をすべて満たそうとするよりも，地域や経営形態の実状に併せて当該動物園の特色を打ち出すことが重要であると暫定的に結論できた．

これは，土居（2013）が指摘するように，動物園が「社会におけるレクリエーションを主体とする構造の中に組み入れられ」，「本来もっていた生き物＝動物＝自然との関係性」が希薄化し，「都市における施設の意味」を強化してきたことを踏まえると，そもそも4つの役割すべてを同等に充足することができるのかという論議の重要性と関連する．さらに，土居は，①「人間に対して自然への共感を呼び起こす場」，および②「地域の核」という動物園がもつ2つの大きな意義を挙げており，② は福知山市動物園，五月山動物園や，大内山動物園などの事例と関連している．また，土居（2017）による「その場所に行くことが望ましい」という規範下での行動選択結果としての動物園来園という視点も重要であろう．さらに，佐渡友（2015，2016）が試みた経営分析の観点を踏まえながら，中・小規模動物園の財政的基盤の確認を今後行う必要もあるだろう．

［付記］
(1) 福知山市動物園の二本松俊邦園長には，同動物園の歴史的経緯について話を伺うことができた．また，大内山動物園では，同動物園の特徴と展望について阿部貴広係長に親身に説明を頂くとともに，山本清號園長から園の規模に関する情報を得ることができた．記して感謝致します．
(2) 本章は，『生活科学』（同志社女子大学）誌に掲載した論文に基づいている（「わが国における地方動物園の現状――いくつかの地方動

物園に関する考察――」,『生活科学』(同志社女子大学), 2017, **51**, 26-34.).

引用文献

東俊之 2013「地域マネジメントのプラットフォームとしての動物園」児玉敏一・佐々木利廣・東俊之・山口良雄(著)『動物園マネジメント――動物園から見えてくる経営学――』学文社, 179-197.

土居利光 2013「都市環境における動物園及び水族館の意義と役割」『観光科学研究』(首都大学東京), **6**, 61-76.

土居利光 2017「利用者数からみた日本の動物園・水族館の特性」『観光科学研究』(首都大学東京), **10**, 39-48.

Hall, E. T. 1966 *The Hidden Dimension*, Doubleday & Company, Inc. 日高敏隆・佐藤信行(訳)1970『かくれた次元』 みすず書房.

石田戢 2010『日本の動物園』東京大学出版会.

川田敦子 2007『さつきやま ウォンバット物語』(財)池田市公共施設管理公社.

児玉敏一 2013a「低成長・少子高齢化時代における公立動物園の経営計画」児玉敏一・佐々木利廣・東俊之・山口良雄(著)『動物園マネジメント――動物園から見えてくる経営学――』学文社, 13-44.

児玉敏一 2013b「持続可能な動物園に向けて」児玉敏一・佐々木利廣・東俊之・山口良雄(著)『動物園マネジメント――動物園から見えてくる経営学――』学文社, 124-141.

宮本純男 2017『世界でたったひとつの動物園――渋川動物公園ができるまで――』中国シール印刷.

成島悦雄 2015「人に見られる動物たち――動物園動物――」高槻成紀(編著)『動物のいのちを考える』朔北社, 155-207.

プロジェクトX 2011『旭山動物園 ペンギン翔ぶ――閉園からの復活――』NHKエンタープライズ〈NSDS-15282〉(DVD)

Ranasinghe, T. 2006 *I am Phant the Elephant.: The World's Only Living Paper Mill*. 秋沢淳子(訳)『ぼくのウンチはなんになる?』ミチコーポレーション, 英治出版.

佐渡友陽一 2015「日本の公立動物園経営のパラダイム転換にかかる要因分析」『日本ミュージアム・マネジメント学会研究紀要』, **19**, 25-32.

佐渡友陽一 2016「日本の動物園水族館の経営方針と成長に関する分析」『日本ミュージアム・マネジメント学会研究紀要』, **20**, 35-44.

打越綾子　2016『日本の動物政策』ナカニシヤ出版.

[インターネット]

朝日新聞DIGITAL　2017　「体長1mのゾウガメが脱走『遅いという先入観災い』」*http://www.asahi.com/ articles/ASK833HWQK83PPZB007.html*〈2017年8月24日閲覧〉.

福知山市　2017　*http://www.city.fukuchiyama.kyoto.jp/ shisei/entries/007199.html*〈2017年8月6日閲覧〉.

池田市　2017「世帯数・総人口」*http:// www.city.ikeda.osaka.jp/ikkrweb Browse/material/files/ group/80/20170112.pdf*〈2017年8月8日閲覧〉.

株式会社ミチコーポレーション　2017「ぞうさんペーパーができるまで」*http://www.zousan-paper.com/story/*〈2017年8月4日〉.

環境省動植物園等公的機能推進方策のあり方検討会　2014「動植物園等の公的機能推進方策のあり方について　平成25年度報告書」*http://www.env.go.jp/ nature/report/h26-01/main.pdf*〈2017年7月31日閲覧〉.

公益財団法人動物環境・福祉協会Eva　2017「人と動物がしあわせに共生できる社会を目指して」*http://www.eva.or.jp/*〈2018年1月7日閲覧〉.

京都市　2007「指定管理者制度の運用について（通知）――総務省自治行政局長――」*http://www.city.kyoto.lg.jp/gyozai/cmsfiles/contents/0000026/26365/shishin_sanko.pdf*〈2017年9月21日閲覧〉.

三重県観光キャンペーン推協議会　2015「Storyで紡ぐたび47――るんるん気分　大内山動物園――」*http:// story.kankomie.or.jp/story/ru/*〈2017年8月29日閲覧〉.

日本テレビ　2017「天才！志村どうぶつ園」*http://www.ntv.co.jp/zoo/index.html*〈2017年8月6日閲覧〉.

大阪市建設局　2016「第2回天王寺動物園経営形態検討懇談会議事要旨」*http:// www.city.osaka.lg.jp/kensetsu/cmsfiles/contents/0000375/375448/gijiyousi2.pdf*〈2017年7月11日閲覧〉.

両丹日日新聞　2010a「親と分かれたもの同士　赤ちゃんザルとウリボウ仲良し」*http:// www.ryoutan.co.jp/ news/2010/07/30/002475.html*〈2017年8月6日閲覧〉.

両丹日日新聞　2010b「赤ちゃんザルがウリボウの背中に馬乗り」*http://www.ryoutan.co.jp/ news/2010/08/31/ 002603.html*〈2017年8月6日〉.

両丹日日新聞　2013「福知山市動物園のミワとウリ坊　今も仲良し　3歳半,

一緒に眠る」*http://www.ryoutan.co.jp/news/2013/11/22/007222.html*〈2017年8月6日閲覧〉.

両丹日日新聞　2016「2匹で「光」「秀」レッサーパンダの赤ちゃん」*http://www.ryoutan.co.jp/ news/2016/10/ 05/010842.html*〈2017年8月6日閲覧〉.

産経ニュース　2017a「動物園の人気者ライオンに飼育員かまれ重傷 長野・小諸」*http:// www.sankei.com/ affairs/ news/170226/afr1702260006-n1.html*〈2017年7月31日閲覧〉.

産経ニュース　2017b「小諸市動物園のライオンかみつき事故 扉閉め忘れた「人為ミス」検証委が報告書」*http://www.sankei.com/region/news/170423/rgn1704230035-n1.html*〈2017年7月31日閲覧〉.

産経ニュース　2017c「懸賞金50万円…岡山の「脱走」ゾウガメ15日ぶり発見　捜索の親子，15分で"ゲット"」*http://www.sankei.com/west/news/170816/wst1708160071-n1.html*〈2017年8月24日閲覧〉.

山陽新聞digital　2017「世界に一つだけ 動物園設立の軌跡――玉野・渋川動物公園園長が本出版――」*http://www.sanyonews.jp/article/550263/ 1 /*〈2017年8月24日閲覧〉.

周南市徳山動物園　2017a「きて！みて！さわって！？ うんこ展」*http:// www.tokuyamazoo.jp/ main/Unkoten.pdf*〈2017年8月4日〉.

周南市徳山動物園　2017b「飼育員のブログ「キモい展」開催中！」*http:// tokuyamazoo.cocolog-nifty.com/blog2/2017/06/post-45ef.html*〈2017年8月4日閲覧〉.

瀧本美織　2014「ママになります☆」*http://ameblo.jp/takimotomiori/entry-11859898911.html*〈2017年8月6日閲覧〉.

5 「姉妹都市」提携事業として姫路市立動物園に寄贈されたウォンバットのゆくえ

はじめに

古性・諸井・天野（2016a）は，日本における海外都市との「姉妹都市」提携の歴史と機能を概観し，この提携が直面する課題を論じた．その上で，古性・諸井・天野（2016b）は，小田原市の「姉妹都市」提携事業に注目し，その現状と問題点について浮き彫りにした．本章では，次の2点で小田原市と類似した特徴をもつ兵庫県・姫路市の「姉妹都市」提携に注目した．①歴史的に城下町として発展した，②県庁所在地ではないが当該県内での中核都市として位置づけられている．提携事業においても他の自治体でも取り組まれている動物交流の顛末とその意義を取り上げた．

1 「姉妹都市」提携を活用した姫路市立動物園の事例

姫路市立動物園は，「姉妹都市」提携事業の一環として日本には生息していないウォンバット（wombat）を寄贈された．この顛末に基づき，動物園にとっての動物交流がもつ意義について具体的に考察しよう．

1. 地方中核都市としての姫路市

兵庫県西部に位置する姫路市は，人口50万人を超える中核都市である（2017年6月現在53万3159人；姫路市情報政策室，2017）．播磨平野の中心に位置し，南側は瀬戸内海に面している．2006年の市町村合併により（夢前町，家島町，香寺町，安富町），市の人口や面積が大幅に増加した．姫路市は，戦国時代に池田氏によって築かれた姫路城の城下町（1601年〈慶長六年〉）として歴史的に発展し（今井，1999），現在は姫路城（1993年に世界文化遺産として認定）を中心とした歴史的建造物や文化施設群から構成される関西地区有数の観光地となっている．また姫路市内には複数の鉄道路線が存在している(JR山陽新幹線，JR山陽本線，JR播但線，JR姫新線，山陽電鉄本線，山陽電鉄網干線)．

2. 姫路市における「姉妹都市」提携の状況

姫路市は，現在海外の5都市との間に「姉妹都市」提携を締結している（フェニックス（Phoenix）市〈米国〉，クリチーバ（Curitiba）市〈ブラジル〉，シャルルロア（Charleroi）市〈ベルギー〉，昌原市〈韓国〉，アデレード（Adelaide）市〈オーストラリア〉）．また，中国の太原市と友好都市提携を結んでいる．さらに，姫路市政100周年を記念して（1989年），フランスの城であるシャンティイ城（Château de Chantilly）との間に「姉妹城提携」を締結した（公益財団法人姫路市文化国際交流財団，2015）．この提携は，日本の城と海外の城との間の提携という初の試みであった．

3. 交流事業の一環としてのアデレード市からのウォンバット寄贈の顛末

　姫路市立動物園は,姫路城内に1951年に開園した動物園である(図5-1-a；図5-1-b).移動動物園が来園したことをきっかけに,日米講和条約を記念して開園が決定され,城内にあった東光中学校東側の5623m^{2}の敷地が活用された.タイ国から来たインド象など40頭あまりの動物の展示から始められた.翌年には子どものための遊戯施設も増設された(姫路市立動物園,2001).現在は,敷地面積は3万759.93m^{2}であり,102種413点の動物が飼育されている(姫路市立動物園,2017).

　なお,姫路市立動物園のように城内に併設されている動物園としては,小田原城内の城址公園にある動物園や和歌山城内の和歌山公園動物園を挙げることができる.しかし,小田原城の場合には閉園同然となっている.小田原動物園は小田原市の「こども文化博覧会」の開催に合わせて1950年に開園したが,小田原城跡の国史跡指定(1959年)に際して国から「史跡にふさわしくない」という指摘を受けたことや,獣舎の老朽化に伴う維持管理費の問題などもあり,2005年度から動物園施設の撤去作業が開始された.しかし,「縄張り意識」が強いニホンザルについては引き取り先がなく,現在も飼育されている(神奈川新聞,2015).

　ところで,アデレード市との間に1982年に姉妹都市提携が行われ,その交流の一環として,ウォンバットが姫路市立動物園に送られることになった.もともと1983年に南オーストラリア州首相が姫路を訪れた際に「友好の動物使節」としてウォンバットを送ることを約束した.翌年の9月に姫路を訪れた同州観光相は「ウォンバットと

122　第Ⅱ部　地方動物園が抱える問題と地域での役割

共にカンガルー六頭も十月に届ける」と約束した（朝日新聞，1984；読売新聞，1984）．姫路市は，早速1000万円の経費をかけて獣舎を動物園内に新設したが，オーストラリア連邦政府による保護動物の輸

図5-1-a　動物園内から見た姫路城
2016年11月27日　著者撮影．

図5-1-b　姫路市立動物園内の風景
2016年11月27日　著者撮影．

5 「姉妹都市」提携事業として姫路市立動物園に寄贈されたウォンバットのゆくえ

出規制のために1984年にはこの動物たちが来ることはできなかった（神戸新聞, 1985a）。そこで，獣舎の周囲の植栽による直射日光の遮断などの対処をし，輸出が可能となり，5月にはウォンバットのつがいとカンガルー6頭がようやく来ることになった（朝日新聞, 1985a；神戸新聞, 1985b；毎日新聞, 1985a；読売新聞, 1985a）。

　これらの動物は，1985年5月30日夕方に到着し，報道陣に公開された（朝日新聞, 1985b；神戸新聞, 1985c）。ところが，ウォンバットが「穴居性の夜行動物」であるために，昼間は姿を見せないという事態が生じた（神戸新聞, 1985d；読売新聞, 1985b）。木製トンネルなどの対策がとられたがうまくいかず（神戸新聞, 1985e），コンクリート管と土砂を併用して設置したところ，ウォンバットのお気に入りの場所となった（神戸新聞, 1985f）。7月18日には一般公開され，入園者もウォンバットの姿を見ることができるようになり，子どもたちも喜んだ（神戸新聞, 1985g）。

　ところで，動物交流によって動物園にウォンバットが来たことが入園者数にどのような変化をもたらしただろうか（**表5-1-a**）。ウォンバットが来た1985年の入園者数は前年とほとんど変わらなかったが（9,104人減），1986年には入園者の増加が見られた（3万1555人増）。しかし，1987年では通常の入園者数に戻ったといえよう（1万8200人減）。ウォンバットの来園が上述したようにメディアで頻繁に取り上げられたことや，飼育施設の設置のためにかなりの費用がかかったことなどを勘案すると，この入園者数の動向は意外な結果と判断できる。ただし，動物園職員によると（著者による直接ヒアリング；2015年11月7日），「動物園は基本的に屋外施設であるため，入場者数が多少その年の気候や気温に影響されることもある」とのことであ

表5-1-a 姫路市立動物園の入園者数の推移 ——1951年から2016年——

年度	有料入園者数	無料入園者数	年度	有料入園者数	無料入園者数	年度	有料入園者数	無料入園者数	年度	有料入園者数	無料入園者数	年度	有料入園者数	無料入園者数
1951	163,850		1961	518,072		1971	456,915		1981	314,236	61,384	1991	268,770	172,650	2001	208,864	261,345	2011	171,912	235,739
1952	491,392		1962	511,192		1972	459,202		1982	306,733	51,512	1992	282,037	154,727	2002	200,746	194,092	2012	188,250	141,377
1953	508,557		1963	573,747		1973	497,460		1983	293,297	65,930	1993	281,533	169,243	2003	200,950	242,644	2013	185,242	147,788
1954	439,091		1964	645,917		1974	469,821		1984	258,383	65,106	1994	225,735	238,349	2004	196,879	289,743	2014	206,823	280,649
1955	442,032		1965	543,485		1975	452,898		1985	252,255	62,130	1995	271,356	148,878	2005	203,407	225,561	2015	231,862	527,239
1956	433,557		1966	472,441		1976	391,504		1986	264,503	81,437	1996	256,963	169,848	2006	209,648	204,768			
1957	392,611		1967	419,747		1977	370,885		1987	251,673	76,067	1997	239,931	160,103	2007	207,420	210,893			
1958	373,044		1968	457,526		1978	362,441		1988	254,123	112,920	1998	204,220	198,439	2008	182,624	575,524			
1959	404,161		1969	484,837		1979	332,697		1989	208,425	789,862	1999	215,640	215,199	2009	233,906	166,103			
1960	418,938		1970	471,471		1980	321,066	42,061	1990	255,586	127,187	2000	195,262	214,319	2010	188,066	152,937			

注1) 1984年姉妹都市Adelaide市よりウォンバットのつがい寄贈.
注2) 1989年3月~6月:姫路シロトピア博覧会.
注3) 2008年4月~5月:姫路菓子博2008.
注4) 2009年10月:姫路城大天守閣保存修理工事.
注5) 2015年3月27日~:姫路城大天守閣保存修理工事完了に伴い、一般公開を再開(2009年10月保存修理工事開始).
出典)『姫路市立動物園開園50周年記念誌』(2001)、『姫路城大天守閣保存修理工事記念誌』(2011)、および『姫路市立動物園年報』(2012-2015)に基づき作成.

る．しかしながら，ウォンバットの来園が姫路市立動物園に恒常的な活気をもたらしたとは判断できない．これは，ウォンバットがそもそも「穴居性の夜行動物」であり，来園反復行動の喚起につながらなかったといえよう．

動物園側は，当初，日本初のウォンバットの繁殖を目指していたが成功せず，1998年，1999年と連続して2匹とも死亡した（姫路市立動物園, 2001, 2011）．なお，現在この2匹は剥製として園内の剥製展示室に展示されている（**図5-1-c**；**図5-1-d**）．ところが，アデレード市との「姉妹都市」交流事業の一環として姫路市立動物園にこの2匹の動物が来たことに関する説明はされていない．この経緯は園が発行している記念誌などによってしか知ることができない．また，この交流以降，この動物園では「姉妹都市」交流としての動物の来園は行われていない．

このウォンバットの来園が上述したようにメディアで盛んに取り上げられたにもかかわらず，動物交流事業として発展する契機となり得なかった理由として，次の2点を指摘できるだろう．

1つ目はウォンバットの特性にある．ウォンバットは，夜行性でありかつ地中に巣穴を掘って生活を営んでいる．さらに性格も穏やかであり，動物園での展示動物としては来園者にとって持続的な魅力をもたらさない可能性がある．当時の日本では「珍獣」であったとしても，来園者にとって一時的な好奇心の充足をもたらすだけであり，先述したように来園反復行動にはつながりにくいといえる．

2つ目の点は，寄贈者側と動物園とのコミュニケーションにある．寄贈前には獣舎の視察などが頻繁に行われたが，これはあくまでも輸出規定を充足しているかに関する調査であった．当時の新聞資料

図5-1-c 姫路市立動物園内に展示されているウォンバットの剥製
2016年11月27日 著者撮影.

図5-1-d 姫路市立動物園内に展示されているウォンバットの骨格標本
2016年11月27日 著者撮影.

を見ても,動物が到着してから一般公開までの間に飼育や展示に関するアドバイスなどが密に行われたとはいえず,寄贈自体が目的となっている節がある.ウォンバットの繁殖を目標としたにもかかわらず失敗したことが寄贈後の現地との密なコミュニケーションの欠如による可能性も否めない.

対照的に,戦後から活発に動物交流を実施している名古屋市の場合には,実際に動物園の職員が相手側の都市の動物園に赴いて飼育

や展示に関する技法・方法を学び，このことが動物園間の姉妹動物園提携といった密な関係性に繋がっている（名古屋市東山動物園とタロンガ（Taronga）動物園：名古屋市東山動物園，2011）．名古屋市のような大都市と姫路市のような地方中核都市の経済力を考慮すると，実施できる活動に限界はあるだろう．しかしながら，海を渡ってきた希少動物を「見世物」的に一過的なブームに終わらせてしまったという姫路市立動物園の事例は大きな教訓とすべきであろう．

4．姫路市立動物園の集客戦略

ちなみに，**表 5 - 1 - a**から明らかであるが，姫路市立動物園の場合には姫路城を中心とした大きなイベントと連関して入園者が極端に増加している．例えば，1989年には「姫路シロトピア博覧会」，2008年には「姫路菓子博2008」，また2015年には「姫路城大天守閣保存修理工事完了に伴う一般公開の再開」と明らかにそれぞれ連動している．**表 5 - 1 - b**には，ここ 4 年間に渡る姫路市における主要観光施設利用者数の推移が示してある．2014年までは，姫路市立動物園よりも姫路セントラルパークの来園者の方が多かったが，2015年の 2 施設の来園者数は逆転している．つまり，姫路市立動物園の場合には，大阪市天王寺動物園などとは異なり，動物園の自前イベ

表 5 - 1 - b　姫路市における主要観光施設利用者数の 4 年間に渡る推移

(単位：千人)

	2012年	2013年	2014年	2015年
姫路城	711	881	919	2867
姫路セントラルパーク	560	541	582	648
姫路市動物園	330	333	487	759

出典）『図で見る姫路経済 2013-2016』（姫路市商工会議所，2017）に基づき作成．

表5-1-c　姫路市立動物園における入園料が無料となる条件

- 5歳未満
- 65歳以上の市民で高齢者優待福祉カード持参者
- 市内の保育園（所）児，幼稚園児，小・中学生でどんぐりカード持参者
- 身体障害者手帳，療育手帳又は精神障害者保健福祉手帳持参者とその介護者1名
- 動物園サポーター登録証持参者
- 姫路観光パスポート持参者
- 市内の保育園（所），幼稚園，小・中学校，特別支援学校等の教育目的による団体及び引率者
- 市外の保育園（所），幼稚園，小・中学校，特別支援学校等の教育目的による団体及び引率者
- 市立高校の教育目的による団体の引率者
- 岡山市・鳥取市の65歳以上の市民で各市発行の優待カードまたは公的な身分証持参者
- 連携中枢都市圏構想推進要綱に基づく連携協約市町での「どんぐりカード」持参者及び保育園（所），幼稚園，小・中学校，特別支援学校等の教育目的による団体及び引率者

出典）『姫路市立動物園年報（2015年度）』に基づき作成．

表5-1-d　姫路市立動物園の入園料の推移―1951年から2000年―

年度	大人		中人		小人	
1951	20円	12歳以上			10円	6歳～12歳
1953	30円	18歳以上	20円	12歳～18歳	10円	4歳～12歳
1962	40円	15歳以上			20円	4歳～15歳
1965	60円	15歳以上			30円	4歳～15歳
1971	100円	15歳以上			30円	4歳～15歳
1976	200円	15歳以上			30円	5歳～15歳

出典）『姫路市立動物園開園50周年記念誌』（2001）に基づき作成．

ントの開催などによる来園者増を企図するよりも，姫路市自体のイベントに明らかに依存しているといえる．例えば，1989年の姫路シ

ロトピア博覧会の際には姫路市立動物園は展示ゾーンの一つとして開放され,ウォンバットも人気を集めた(姫路市立動物園,2011).そもそも姫路市立動物園の場合には,**表5-1-a**からも分かるように「無料入園者(**表5-1-c**)」の割合がかなり高く,「有料入園者(**表5-1-d**)」の増加による財政上の寄与を当てにしていないことが推察できる.

2 持続可能な動物交流へ

以上に述べたように,姫路市立動物園にウォンバットは鳴り物入りで登場するが,動物園の中心的存在にはならなかった.さらに,このウォンバットの継続的飼育は失敗に終わった.

しかし,例えば,池田市とローンセストン(Launceston)市(オーストラリア)との間の「姉妹都市」提携25周年に伴いワイルドライフ・

表5-2 五月山動物園のウォンバットの歴史

年度	
1957年	五月山動物園開園
1990年	Launceston市からウォンバット3匹(**ワイン**,**ワンダー**,ティア)寄贈
1992年	サツキ誕生
1993年	さくら誕生
2003年	ティア老衰死
2005年	さくら老衰死
2007年	新たに2匹(**ふく**,あやは)寄贈
2010年	あやは急性腸捻転で死亡
2011年	サツキ肺炎で死亡

注)太字は現在も生存.
出典)読売新聞(2012)に基づき作成.

パーク (Wildlife Park) から五月山動物園 (1957年開園) へ1990年に寄贈されたウォンバットの場合には，継続的飼育に成功している（**表 5-2, 図 5-2-a, 図 5-2-b**）．国内で初めての繁殖にも成功し，現在3匹が飼育されている（読売新聞，2010；2011；2012）．さらに，五月山動物園は，このウォンバットに対する関心を高めるための工夫も行っている．「ふく」のお嫁さんを迎える費用捻出のために，アイドルユニット（「キーパー・ガールズ」）を結成するとともに（読売新聞，

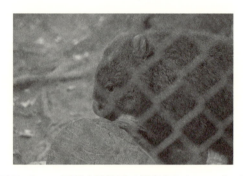

図 5-2-a　五月山動物園で飼育中のウォンバット
2016年11月30日　著者撮影．

図 5-2-b　五月山動物園内で展示されているウォンバットの剥製
2016年11月30日　著者撮影．

2015),インターネットを通してウォンバットの日常生活の様子を観察できるようにした(「五月山動物園ライブカメラウォンバットてれび」).池田市は,「ウォンバットを未来につなぐ!」というスローガンを掲げ,ワイルドライフ・パーク側と交渉し「ふく」の花嫁候補の雌1頭に加えカップルの2頭が2017年秋に寄贈されることとなった.これに伴う園舎の整備費を「ふるさと納税」で募った(毎日新聞,2017).この背景には,1980年代に人件費や飼育費の財政的問題に加えゴルフ場計画の浮上に伴い,五月山動物園の閉鎖が論議されたが,市民の後押しによって園が存続されたことにある(川田,2007).ちなみに,市の中心部に位置する栄町商店街ではウォンバットをメイン・キャラクターにしている(図5-2-c).

「姉妹都市」提携の一環として五月山動物園に寄贈されたウォンバットは,姫路市立動物園の場合とは対照的に,今なお動物園の人気動物の地位を占めている.両動物園でのウォンバットに関する運命の差異は,先述したように動物園が取る集客戦略の基本的な差異にあるといえよう.一方は地域全体におけるイベントに依存した戦

図5-2-c　池田栄町商店街に設置されている郵便ポスト上のウォンバット像
2016年11月30日　著者撮影.

表5-3　中国からパンダが上野動物園に贈呈されるまでの概略

1941年	宋美齢（蒋介石夫人）による米国へのパンダ贈呈
1958年	パンダが登場するアニメ映画『白蛇伝』（東映）公開
1958年	多摩動物公園初代園長・林寿郎によるパンダ誘致の試み（失敗）
1967年	ロンドン動物園で黒柳徹子がパンダと初めて対面
1969年	動物商・京浜鳥獣貿易社長・河野通敬がパンダ譲渡を申し入れ（失敗）
1970年	女性ファッション雑誌『an・an』のシンボルマークにパンダを起用
1971年	昭和天皇訪欧時のロンドン動物園におけるパンダとの対面
1971年	東京都知事・美濃部亮吉が訪中の際にパンダ譲渡を申し入れ（失敗）
1972年	衆議院議員・土井たか子（社会党）が北京動物園訪園時にパンダ譲渡を申し入れ（失敗）
1972年	田中角栄政権による「日中共同声明」調印に伴い「パンダ雌雄一対の贈呈」発表
1972年	「カンカン（雄）」と「ランラン（雌）」が上野動物園へ

出典）家永（2011）に基づき作成．

略であり，他方は園内に人気動物を作り出すことによる戦略である．この違いによってウォンバットの位置づけの差異がもたらされたのである．ちなみに動物園から1km弱のところに池田城跡公園が存在する．

　本章では，先行研究（古性ら，2016a；2016b）で扱った「姉妹都市」提携の問題を動物園における動物交流に適用することを試みた．姫路市立動物園に寄贈されたウォンバットの顛末を中心に論じ，「姉妹都市」提携の発展という観点からすると，このウォンバット寄贈はあまり効果的ではなかったと結論できた．この動物交流は他の動物園での様々な形で試みられているが，今後も引き続き検討を加えて行くべきであろう．

　なお，本章で取り扱った姫路市立動物園におけるウォンバットの

事例には国際的背景はないと判断できる．しかし，1972年に中国から上野動物園に贈呈されたパンダは，友好の証というよりも自国の限られた地域にのみ生息する希少動物を中国の外交戦略の一環として活用されている（家永，2011）．佐藤栄作政権（1964-1972年）下では度重なる失敗に終わるパンダ誘致が，親中国的方向にシフトした田中角栄政権（1972-1974年）下では見事に日の目を見るのである（**表5-3**）．まさに動物園が日本と中国との外交戦略の中に取り込まれたのである．とりわけ，希少動物の政治的利用に関する問題も重要であることも最後に指摘しておこう．

[付記]
(1) 姫路市立動物園には，『姫路市立動物園年報』など多くの資料を無償で頂いた．記して感謝致します．
(2) 本章は，『生活科学』（同志社女子大学）誌に掲載した論文に基づいている（「地域社会における『姉妹都市』提携の機能と直面する課題(3)——Adelaide市と姫路市との「姉妹都市」提携事業として姫路市立動物園に寄贈されたウォンバットの事例——」,『生活科学』（同志社女子大学），2017，**51**，17-25.）．

引用文献
古性摩里乃・諸井克英・天野太郎　2016a「地域社会における「姉妹都市」提携の機能と直面する課題（1）——『姉妹都市』提携の歴史と広がり——」『生活科学』（同志社女子大学），**50**，13-18.
古性摩里乃・諸井克英・天野太郎　2016b「地域社会における「姉妹都市」提携の機能と直面する課題（2）——小田原市の事例——」『生活科学』（同志社女子大学），**50**，19-23.
姫路市立動物園　2001『姫路市立動物園開園50周年記念誌』.
姫路市立動物園　2011『姫路市立動物園開園60周年記念誌』.
姫路市立動物園　2013『姫路市立動物園年報 平成24（2012）年度』.

姫路市立動物園　2014『姫路市立動物園年報 平成25（2013）年度』.
姫路市立動物園　2015『姫路市立動物園年報 平成26（2014）年度』.
姫路市立動物園　2016『姫路市立動物園年報 平成27（2015）年度』.
家永真幸　2011『パンダ外交――中国はパンダという「資源」をどう活用し，国際社会を渡ってきたか？――』メディアファクトリー新書.
今井林太郎（監修）・平凡社地方資料センター（編集）　1999『歴史地名大系 兵庫県の地名２』平凡社，444-446.
川田敦子　2007『さつきやま ウォンバット物語』（財）池田市公共施設管理公社.
公益財団法人姫路市文化国際交流財団　2015『平成26年度海外姉妹都市青少年交流事業報告書 経験を力に！ 姫路から世界へ！』.

[新聞記事]

朝日新聞　1984「ウォンバットが姫路に」9月7日朝刊.
朝日新聞　1985a「珍獣ウォンバット 連休明けに姫路へ」4月19日朝刊.
朝日新聞　1985b「なが旅お疲れさん」5月31日朝刊.
神戸新聞　1985a「いつ来るの 珍獣ウォンバット」2月6日朝刊.
神戸新聞　1985b「豪州の珍獣ウォンバット 来姫決まる」4月19日朝刊.
神戸新聞　1985c「豪から珍獣ウォンバット」5月31日朝刊.
神戸新聞　1985d「"動物大使"かくれんぼう」6月5日夕刊.
神戸新聞　1985e「いまだに顔見せず」7月12日朝刊.
神戸新聞　1985f「お待たせ あすから公開」7月17日朝刊.
神戸新聞　1985g「ウォンバットを公開」7月19日朝刊.
毎日新聞　1985a「近く"親善動物"来る」4月19日朝刊.
読売新聞　1984「珍獣ウォンバット 来月やって来ます」9月7日朝刊.
読売新聞　1985a「おまたせ ウォンバット」4月19日朝刊.
読売新聞　1985b「珍獣ウォンバットは臆病者」6月16日朝刊.
読売新聞　2010「池田・五月山動物園ウォンバット死ぬ」5月7日朝刊.
読売新聞　2011「国内初の自然繁殖ウォンバット死ぬ」12月2日朝刊.
読売新聞　2012「五月山動物園のウォンバット サツキ骨格標本に」6月4日朝刊.
読売新聞　2015「動物園アイドル結成 五月山「キーパー・ガールズ」」8月30日朝刊.

[インターネット]

姫路市情報政策室　2017「姫路市の推計人口（平成29年6月1日現在）」

https:// www.city.himeji.lg.jp/ toukei/ hmj/hmj17/hmj17/06.pdf〈2017年 6 月13日閲覧〉.

姫路市立動物園　2017「動物種一覧（獣舎別）（2017年 4 月 1 日現在）」*http:// www.city.himeji.lg.jp/var/rev0/0102/8236/201753010493.pdf*〈2018年 4 月20日閲覧〉.

姫路市商工会議所　2017「数字で見る姫路経済」*https://www.himeji-cci.or.jp/tokei/number.html*〈2018年 4 月25日閲覧〉.

神奈川新聞　2015「「縄張り意識強くて…」引き取り手なく10年，小田原城址公園のサル」*http://www.kanaloco.jp/article/71972*〈2017年 7 月18日閲覧〉.

毎日新聞　2017「ウォンバット 新たな仲間 お嫁さんどんなかな？ 今秋，豪から 3 頭受け入れへ 池田・五月山動物園」4 月 4 日朝刊*https://mainichi.jp/articles/20170404/ddl/k27/ 040/401000c*〈2017年 7 月23日閲覧〉.

名古屋市東山動物園（外務省HP）　2011「姉妹都市シドニー市との交流」*http:// www.mofa.go.jp/mofaj/gaiko/local/ pdfs/higashi_sydney_1105.pdf*〈2017年10月19日閲覧〉.

五月山動物園ライブカメラウォンバットてれび　*http:// www.wombat-tv.com/live.php*〈2017年 7 月18日閲覧〉.

6 ここまでの暫定的結論

本書全体の目的は，動物園の魅力を規定する様々な要因を社会心理学的観点から考察することであった．このために，近年，盛んになった動物園学の中で共通に指摘されている動物園がもつ存在意義に触れた上で，2つの実証的研究や（第1章，第2章），関西圏に位置するいくつかの動物園に関する現場観察研究（第1章，第4章，第5章）を行った．さらに，動物園で飼育されている動物のいのちの問題についても言及した（第3章）．

これらの研究に基づいて，次の様ないくつかの暫定的結論が得られた．

まず，第1章では，女子大学生を対象として実施された動物園に関する調査を報告した．東京ディズニーランドやユニバーサル・スタジオ・ジャパンなどの巨大テーマパークのように極めて多くの者が訪れているわけではないが（諸井・濱口，2009；諸井ら，2015），動物園・水族館施設に対する来園経験がおおむね認められた．施設立地と来園者のすまいとの関連分析から，近隣施設に訪れる傾向が高いことが明らかになった．つまり，**「動物園は，娯楽性や非現実経験を特徴とするテーマパークとは異なり，来園自体にはあまり移動コストをかけない側面がある」**ことに留意しなければならない．したがって，**「大都市圏に位置する大阪市天王寺動物園の場合，本来の**

動物園機能に加え，市民や府民の癒しや憩いの場としての機能も高めることにより，さらなる集客増加を実現できる」と提案できよう．この第1章で述べた調査では，もともとテーマパークを対象としたブランド絆感の測定（諸井・濱口，2009；諸井ら，2015）が動物園にも適用できるかを検討した．この測定の信頼性が得られたが，大阪市天王寺動物園に対する評価がまずまずの程度（尺度中性点付近）であることから，この動物園に対するブランド絆感の今後の高揚可能性が指摘できた．

第2章で報告した調査では，動物園飼育動物に対する性格推測を女子大学生に行わせた．その結果，**「対人関係の中で作動する心理学的機制としての暗黙の性格観システムが動物園飼育動物に対しても適用できる」**ことが明らかになった．つまり，動物園の中でたまたま遭遇した動物を来園者は単に見ているだけでなく，日常の対人的相互作用の場合と同様に，様々な動物がもつ性格を推測しているといえる．これは，動物園がもつ魅力が様々な動物との出会いにおける性格推測にそもそも由来していることを示唆する．

第1章で述べた大阪市天王寺動物園の場合には，大都市圏に位置しているという立地上の決定的な強みをもっている．後はこの強みをどのように活かしていくかである．ところが，地方動物園や私設動物園の場合にはこのような立地上の強みには乏しく，さらに財政上の問題にも直面することになる．第4章や第5章で試みた関西圏に位置するいくつかの地方動物園を対象とする現場観察に基づくと，次の様な指摘ができる．福知山市動物園や五月山動物園では，目玉商品ならぬ「目玉動物」を中心とした展開が行われている．さらに，前者ではテレビ番組との連携，後者ではインターネットの活

用が集客戦略に組み込まれている．対照的に，姫路市立動物園では，姉妹都市提携によってせっかく手にした動物を「目玉動物」にできなかった．これらのことから，**「地方動物園では《目玉動物》を中心とした展開やマスメディアやインターネットの活用が重要である」**といえよう．近年重視されている「地域ブランド」の考えにおいても，インターネットの利用が提唱されている（電通abic project編，2009）．「地域ブランド」とは，当該の地域が「地域が独自に持つ歴史や文化，自然，産業，生活，人のコミュニティといった地域資産を，体験の『場』を通じて，精神的な価値へと結びつけることで，『買いたい』『訪れたい』『交流したい』『住みたい』」（電通abic project編，2009）という動機づけを誘発することである．このためにインターネットの活用は重要とされるが（**表6-1**），このことは動物園の魅力高揚方略にも適用できる．

また，五月山動物園では近隣諸施設との一体化した集客戦略，姫路市立動物園の場合には姫路市が開催するイベントと連携した集客戦略を採用している．つまり，これは，**「動物園外部の環境やイベントと連結することによる動物園の魅力高揚の方略」**といえる．第1章で述べた大阪市天王寺動物園の場合には新世界と呼ばれる食の地域と天王寺の大商業地域との間にもともと挟まれている．つまり，

表6-1　ウェブ情報の特性

[メディア]	[特性]
ポータル・サイト	客観性，効率化・簡便性，ニーズからの探求
コミュニティ・サイト	客観性と主観性，情報の編集，集合知
ブログ*	主観的な体験談，リアリティ

注）＊現在では，これにTwitter, LINE, Instagramなどが加えられる．
出典）電通abic project（2009）に基づき作成．

これらの周辺地域の魅力向上が動物園の魅力と連結しており，五月山動物園や姫路市立動物園の場合とは対照的になる．

交通の便という点からはかなり不利である私設の大内山動物園の場合には，**「保護動物の積極的受け入れを行っている」**ことから，動物園が果たすべき役割を充たしている判断できる．しかしながら，私設であるがゆえの財政上の問題であるとはいえ，環境エンリッチメントの観点からは不適切といわざるを得ない．

動物園で飼育されている動物のいのちの問題については第3章で考察したが，この問題は動物園の目的として認められている4点のうちの「教育」に関わる．「園内リサイクル」に関する学習の意味は，自然環境における動物たちの食物連鎖の有様だけでなく人間における食の問題に加え，**「動物を含めた他者のいのちに対する人間の介入」**の是非という本質的問題にまで拡大する．つまり，この問題は論議の出発点の場である動物園に留まらないことが明らかになった．

以上に述べたように，本書では，社会心理学的観点を中心として動物園の魅力を高めるための様々な要因の解明を試みたが，魅力向上につながるいくつかの要因を浮き彫りにできた．同時に動物園の魅力を向上させるための様々な課題も存在することが明らかになった．**「そもそも人間にとって動物園という存在は何なのか」**という根本的問題に関する考察も行いながら，動物園の魅力を高めるための研究の実践が今後も望まれる．このことによって，「ヒトと動物の調和をめざす総合科学」（村田，2014）としての「動物園学（Zoo Science）」の構築に社会心理学の立場から貢献できるであろう．

引用文献

電通abic project（編） 2009『地域ブランドマネジメント』有斐閣.

諸井克英・濱口有希子 2009「テーマパークに対する意識と行動——ユニバーサル・スタジオ・ジャパンと東京ディズニーランドの場合——」『学術研究年報』（同志社女子大学），**60**，51-63.

諸井克英・足立佑夏・福田紘子 2015「テーマパークに対する意識と行動（2）——東京ディズニーランドが喚起する非現実感の心理学的働き——」『学術研究年報』（同志社女子大学），**66**，127-138.

村田浩一 2014「序論——動物園学とは——」村田浩一・成島悦雄・原久美子（編）『動物園学入門』朝倉書店，1-5.

付論　虚構世界における動物園
―― 『逢魔ヶ刻動物園』が描く変身の妄想的世界 ――

　先に述べたように，本書全体のねらいは，現実世界に存在する動物園が抱える様々な問題を検討し，魅力を高揚させるための方略の考察である．この付論では，コミックという虚構世界で描かれた動物園を対象に動物園という舞台の面白さを考察し，動物園の魅力高揚の射程にこのような虚構世界も含まれることを示そう．

1　現実から虚構へ

　堀越耕平による『逢魔ヶ刻動物園』は，『週刊少年ジャンプ』誌に2010年〈32号〉から2011年〈19号〉にかけて連載された漫画である．物語の最初に，「逢魔ヶ刻（おうまがどき）」とは「夕暮れ時．暗くなり，人やモノの判別がしにくくなる時間．〈同〉黄昏れ時」と宣言され（堀越, 2010a），この物語の主題が人間と動物との曖昧な境界性にあることが暗示される（ちなみに, この言葉は, 広辞苑（新村（編）, 2018）によると「逢魔が時」であり,「(オオマガトキ（大禍時）の転. 禍いの起こる時刻の意）夕方の薄暗い時. たそがれ. おまんがとき. おうまどき.」と定義される).

　『逢魔ヶ刻動物園』の物語は，「逢摩市にある誰にも知られていない動物園」である「逢魔ヶ刻動物園」に女子高校生〈蒼井華〉が飼

育員として夏休みの間「初めてのアルバイトをする」ために訪れるところから始まる．園長〈椎名〉は，ウサギの頭をした人間のような姿をしていた．野ウサギを追いかけ回していた園長は「化物ウサギ」に呪いをかけられウサギの頭の姿に化したのだ．この変身の呪いを解くには，「数多の動物を集め」「その力を以て」「物言わぬ生命達の声を聞き」「その名を知らぬ者がいなくなる程に」「世界に轟く園」を造らなければならない（堀越，2010a）．〈華〉は，園長〈椎名〉によって「逢魔ヶ刻動物園」を天下一の動物園にするように命じられた．

上述したように，この『逢魔ヶ刻動物園』は『週刊少年ジャンプ』誌〈1969年10月～〉に連載された．したがって，『週刊少年ジャンプ』誌の編集方針とされる「友情・努力・勝利」という3要素が『逢魔ヶ刻動物園』にどのように反映されているかも重要である．この『週刊少年ジャンプ』誌の3要素は，前身の『少年ブック』誌〈集英社：1959年1月～1969年4月〉の「努力・友情・勝利」という企画コーナーに由来する（角南，2014（角南，2014；なお，3要素の並べ直しの意味は角南によれば不明である））．『週刊少年ジャンプ』誌の創刊時にこの3要素のうち少なくとも2要素を1話に必ず含むというルールが設けられた（「小四から中三，反抗期の少年たちに対して"友情・努力・勝利"の3語をして人生に立ち向かうメッセージを贈る」（角南，2014））．

ここでは，『逢魔ヶ刻動物園』によって描かれた世界の本質を解明するとともに，掲載誌が提唱する「友情・努力・勝利」という3要素との関連についての考察も試みる．

2　園長〈椎名〉は本当に「自己中」？

　〈椎名〉によって動物園内の「30の動物」の飼育・管理を〈華〉は任されるのだが，これは「おまえ（〈華〉）が早く一人前になる ⇒ おまえ（〈華〉）が天下一人気の動物園にする ⇒ ワシ（〈椎名〉）が人間に戻れる」という〈椎名〉による身勝手極まりない「公式」に基づいている．しかし，〈華〉は，閉園直後に〈椎名〉が発する煙が蔓延すると，「動物が変身して喋」り出すことを知ることになる．この動物たちは，姿は動物のままであるが，〈椎名〉の力によって人間と言語コミュケーションを営むことができるのだ．

　狭い檻に押し込められているゴリラ〈ゴリラコング〉は，「広くて登り木のあるお家」が必要であることを自分自身で〈椎名〉に伝えるように〈華〉に助言され，〈椎名〉を模した「ワシ像」に登ってそのことを主張するが，その像を壊してしまう．しかし，〈椎名〉は怒るよりも壊れた像のガレキを使ってゴリラ舎の増築を命じるのだ（「このガレキ邪魔じゃ」「どこかに足すなりして片付けておけ」（堀越, 2010a））．この事件によって，〈華〉は「自己中」に見える〈椎名〉が実は「仲間思い」であると感じるようになった．このように園内で飼育されている動物たちは，〈華〉の妙な企みよって園長の〈椎名〉といったんは対立することになるが，結局は〈椎名〉の「仲間思い」をより強く確認させることになる (**表A**)．

　つまり，〈椎名〉は，〈ウワバミ〉が見抜くように自己中心の固まりである（「園長は簡単に言っちゃうとガキ大将……子供のままなのよ」,「幼少の頃に呪いを受けたからか」,「やんちゃでわがままなまま精神年齢止まっ

表A 〈椎名〉による「仲間思い」行動の例

[対象動物]	[結局は仲間思い]
チータ〈知多〉	「丸々太っちゃって食べ過ぎ」のチータ〈知多〉と〈椎名〉との徒競走で〈知多〉が負けてしまったのに,〈椎名〉はチータ舎に「ルームランナー」を設置する.
〈華〉	動物園宣伝のために街でビラまきをしている〈華〉が高校の悪友に絡まれた際に,〈椎名〉は「うちのもんバカにするなよ」と〈華〉を救う.
インドサイ〈加西〉	「無口な」インドサイ〈加西〉がヘビ〈ウワバミ〉に恋心を抱いていることを〈華〉は知ったが,そのことを〈椎名〉に気づかれないようにしたことが裏目となる.しかし,海で溺れかけた〈ウワバミ〉を〈加西〉と〈椎名〉が救出し,〈加西〉の想いが〈ウワバミ〉に伝わる.
ライオン〈シシド〉	「若いライオンは一人前になると群れを出て他の群れを乗っ取る……その群れのボスを殺して!!」ということにもかかわらず,サバンナで瀕死の状態の「おまえをここに連れてきた」と〈椎名〉は告げる.

出典)堀越(2010a)に基づき作成.

ちゃってるのよね」(堀越, 2010a)).しかしながら,〈椎名〉は,実は『週刊少年ジャンプ』誌の1要素である「友情」も示すのである.この「友情」の大切さは,〈椎名〉自身によって自覚されている(「気に入った奴といるのは面白い」,「ワシは仲間といるのが面白い」,「この園にいるもんは皆仲間じゃ」,「ウチに来た時点でおまえはもう園の仲間なんじゃ」(堀越, 2010a)).

3　丑三ッ時水族館との争い

「内集団」成員間の「友情」を高めるためには「外集団」との争いが不可欠である．ホッグとアブラムス（Hogg & Abrams, 1988）によれば，「人は，一般に，自分との類似性を基礎にして，他者を分類する」．「自分と同じ集団の成員」は内集団成員，「自分と異なる集団の成員」は外集団成員として知覚されるのである．このようなカテゴリー化によって内集団成員に対する肯定的評価，すなわち「内集団びいき」（Hogg & Abrams, 1988）が生じる．「外集団」としてまず現れるのが「丑三ッ時水族館」である．入園者がまったくいない「逢魔ヶ刻動物園」と隣の市にある「丑三ッ時水族館」との間に争いが展開される．その「水族館」は「年間入場者数600万人を超える有数の人気スポット」なのだ（広辞苑（新村編, 2018）では，「丑三つ」とは「①丑の時を四刻に分かちその第三に当たる時．およそ今の午前二時から二時半．②よなか．深更」）．

「水族館」のシャチ〈サカマタ〉が「動物園」の乗っ取りを宣言するが，当然にも〈椎名〉によって拒否される．しかし，「動物園」側のアザラシ〈イガラシ〉が「乗っ取りの狼煙として」「水族館」で「展示」するために〈サカマタ〉によって攫われてしまった．〈イガラシ〉を取り戻すために〈椎名〉は〈華〉を連れて「水族館」に乗り込んだ．

「丑三ッ時水族館」の館長である〈伊佐奈〉は，「ホエールウォッチング」が「趣味」である「坊ちゃん」であった．海の生物をピストルで撃ち殺している時に，「化け物クジラ」に呪いをかけられマッ

付論　虚構世界における動物園　　*147*

コウクジラの姿にされたのだ．その呪いは，〈椎名〉の場合と同様であった（「自らを悔い改め我に見せよ」「その力を以て我に示せ」「世界に轟く生命の園を造り出せ」（堀越，2011a））．しかしながら，この「水族館」は集客に大成功したにもかかわらず〈伊佐奈〉の姿は人間に戻ることができなかった（「知名度が　客が増える度に」「呪いは薄まり人の姿を取り戻してきた」「しかしそれ以降いくら知名度が上がろうが」「変わらないんだよ　姿が」「あと一息ってとこで……」（堀越，2010b））．

〈華〉は，この違いが「仲間」に対する態度にあることに気づいた．〈伊佐奈〉は，「ストイックに人の姿を取り戻そう」として経営的には大成功を収めるが，「丑三ッ時水族館」は「確かに立派で大きくて……人気もすごいのかもしれないけど」「働いてた魚（ひと）は死んだ魚（さかな）のような目をして」「楽しそうな魚（ひと）たち誰もいなかった！」．対照的に，〈椎名〉は，「逢魔ヶ刻動物園」の経営よりも「何でも仲間と一緒に面白く事を運ぼう」としたのだ（堀越，2011a）．

結局，〈椎名〉は〈伊佐奈〉を倒し，〈イガラシ〉を救い出すことに成功したが，〈伊佐奈〉は「海の支配者」を自認する〈サカマタ〉」によって「海で生涯を終えさせ」られることになる．〈サカマタ〉は，「深き海の底で」「伊佐奈に己が弱さを知らしめ」「悔い改めさせる!」のだ（堀越，2011a）．「外集団」としての「丑三ッ時水族館」との戦いは，「逢魔ヶ刻動物園」の園長〈椎名〉の呪いをとくことが集客よりも園長も含めた園内の動物たちの仲間関係＝「友情」にあることが暗示されるのだ．

4　ヤツドキサーカス団との争い，そして大団円へ ──●

　夏休み期間中の補習授業のために高校に一時戻った〈華〉は，街に来たサーカスでバイトをやっている同級生の〈菊地〉から「クマって……喋るの？」と突然問われた．〈華〉は，「サーカスの誰かが魔力を使ってクマを喋らせて」おり，そのサーカスの中に「呪われた人間がいる」ことに気づいた．そのサーカスは〈道乃家〉団長率いる「ヤツドキサーカス団」だ．次なる「外集団」が現れたのだ（広辞苑（新村（編），2018）では，「ヤツドキ」とは「丑の刻，すなわちおよそ今の午前二時頃，および未の刻，すなわちおよそ今の午後二時頃]」）．

　〈椎名〉は，その「クマ」を「ウチの仲間に」するために（堀越,2011b），サーカスに乗り込んだ．しかし，「呪われた人間」とは〈道乃家〉ではなく，クマすなわち〈志久万－シクマ－〉であり，〈志久万〉こそ「ヤツドキサーカス団」の「総支配者」だったのだ（堀越,2011c）．つまり，「売れないクソ以下のサーカス団を持っていた」〈道乃家〉と「人に戻る為には動物のいる施設で名声を上げなきゃならん」〈志久万〉との間で「契約」が交わされたのである．

　しかし，〈道乃家〉は，「ヤツドキ」という命名が「誰もが楽しい甘い時間を過ごせるように」という想いに基づいていることを想起し，〈志久万〉との「契約」を結局は放棄する（「ウチの方針は兎さんよりだったわ」）（堀越,2011c）．これにより，「動物園」と「サーカス団」の戦いに終止符が打たれ，〈椎名〉の意図通りに両者は提携することになる．8月も終わり，〈華〉も新学期を迎えるが，学校に通いながら飼育員も継続することとなり，この物語は大団円を迎える．

先述した通り，この『逢魔ヶ刻動物園』は『週刊少年ジャンプ』誌の1要素である「友情」を十分に充足している．「勝利」要素は，「丑三ッ時水族館」や「ヤツドキサーカス団」との戦いの帰結にあるが，重要なことはその戦いが単純に「win or lose」ではないことである．後者の場合には，「勝利」は「動物園」と「サーカス団」との提携となる．さらに，〈伊佐奈〉が倒された後者の戦いですら，最終的には（物語完結後の「番外編ではあるが）〈伊佐奈〉がいなくなってうまくいかなくなった「水族館」の残りの生き物たちによる「動物園」への協力の申し出に対して〈椎名〉は「クジラマン（=〈伊佐奈〉）呼び戻せば？」と答えるのであった（堀越，2011c）．これらは，この『逢魔ヶ刻動物園』における「勝利」がすべての者の「仲間化」にあることを示しており，「友情」と「勝利」の融合といえよう．

　残りの要素である「努力」について述べよう．「失敗ばかりのドジ女」であった高校生〈華〉は，夏休みの間に「私は変わるんだ！！」という信念の下に奇妙な「動物園」の飼育員となり（堀越，2010a），奇想天外な「動物」と遭遇経験を経て新学期を迎える．つまり，物語の中心軸に〈華〉の奮闘すなわち「努力」が据えられているのだ．この軸は，「ヤツドキサーカス団」との戦いのきっかけをつくった〈菊地〉の場合も同様である．彼も「ガキの頃連れてってもらったサーカス」の興奮が忘れられず，「ヤツドキサーカス団」のバイト募集に応募し，過酷な体験にもめげずに「努力」するのだ（「好きな事でなら変われると思ったから」（堀越，2011c））．

5 『週刊少年ジャンプ』誌と『逢魔ヶ刻動物園』

　『週刊少年ジャンプ』誌は，集英社が1960年代に売れ筋の「少年雑誌」を抱えていた講談社（『少年マガジン』誌1959年3月～）や小学館（『少年サンデー』誌1959年3月～）に対抗して創刊し，今や売れ筋の「少年雑誌」として頂点を極めている（1985年3・4号⇒400万部突破；1995年3・4号⇒653万部〈歴代最高部数（ギネス記録）〉）．出発時には次のルールが設けられた（角南，2014）．①「ジャンプ専属制」〈「○○先生の作品は少年ジャンプでしか読めません」〉，②「アンケート主義」〈「綴じ込みハガキ，切手代読者持ち」〉，③「ネーム（下描き・ペン入れの前段階のラフ）チェック制度」〈「ネームを10回分描きだめすることが新連載決定条件」〉．

　当初は「少年雑誌」として出発したが，読者層は明らかに青年期や青年期以降にまで拡大していく．例えば，今や著名なアスリートも『少年ジャンプ』誌の掲載作品を愛読しているのだ（**表B**；門脇，2012）．先述したように，「友情・努力・勝利」という3要素は「小四から中三」の少年たちが「人生に立ち向かう」ために設けられた（角南，2014）．創刊当初に設定された年齢層のみがターゲットであるならば，「ギネス記録」を達成するほどの商業的成功を収めることはないはずである．三ツ谷（2009）は，『週刊少年ジャンプ』誌の成功が日本の戦後の高度成長と相関していることを説いた．日本では，1960年代から「高度資本主義世界」化（1968年には日本のGDP米国に次ぐ第2位となる）が顕著となる．「友情」（「志を同じくする仲間を何があっても信じ，護りあう姿勢」），「努力」（「志を果たすためにはどんな窮地にあってもあきらめず志のために努力する姿勢」），そして「勝利」（「最後の

付論　虚構世界における動物園　151

表B 『週刊少年ジャンプ』誌の3要素から見たアスリートによる愛読作品の例

[要素]	[アスリート]	[種目]	[作品]	
友情	内村航平 (1989年生〜)	体操	『ONE PIECE』(2007年34号より連載中)	仲間の先頭に立って、海軍本部の精鋭や、四皇や七武海を頂点とする海賊と戦い続け、海賊の頂点である海賊王を目指しているルフィ.
努力	李忠成 (1985年生〜)	サッカー	『こちら葛飾区亀有公園前派出所』(1976年42号〜2016年42号)	毎回ネタに尽きることなく、ネタが被ることなく、ネタに困ることなく、一話読切の形で『こち亀』の連載を続ける秋本治の姿.
勝利	松坂大輔 (1980年〜)	野球	『ドラゴンボール』(1984年51号〜1995年25号)	ナメック星で宇宙最凶最悪のフリーザとの戦いの中で覚醒し、[超サイヤ人]となり、完膚なきまでにフリーザを叩き潰してしまう孫悟空.

出典) 門脇 (2012) に基づき作成.

最後まであきらめず勝利を目指す姿勢」）は，このような「高度資本主義世界を生き抜くうえで」重要な要素なのだ（三ツ谷，2009）．三ツ谷（2009）は，『週刊少年ジャンプ』誌に掲載された著名な作品群（『男一匹ガキ大将』〈1968年11号～1973年13号〉など）と高度成長を経て1991年の所謂「バブル崩壊」から現在に至る時代状況とを相関させながら，これら3要素の働きを説いた．もちろん，このような時代状況との基底には，創作者と雑誌編集者との葛藤が存在する（巻来，2016）．しかし，日本の「バブル崩壊」以降に進行していく格差の現状の客観的把握を試みた研究によれば（みずほ総合研究所，2017），「中間層が衰退し，低所得層にシフトダウンしたことに伴う貧困問題とまとめることができる」．このような現状の中で，「友情・努力・勝利」という3要素が読者にとってどのような心理的役割を果たしているかを探ることは興味深い課題といえよう．例えば，〈RADWIMPS〉（2016）による名曲『週刊少年ジャンプ』では，「今はボロボロの心」に陥っても「週刊少年ジャンプ的な未来」を夢見て「どんでん返し的な未来」を信じる青年の心性が描かれている．

　ところで，本章の対象である『逢魔ヶ刻動物園』の掲載期間は，実は1年間にも満たなかった（2010年32号～2011年19号）．片上（2017）によれば，「ジャンプ的なバトル」は，「努力 → 友情 → 勝利 → さらなる努力 → さらなる友情 → さらなる勝利…」という無限に「成長」する展開を特徴とする「努力」や「友情」により「強大な敵」を倒し，「それまでは敵であったそのライバルが味方になり」，主人公たちの勢力を巨大化させながら，「新たな敵」と闘うのである．つまり，作品は「『インフレ化』の運動に呑み込まれ」膨張していくのだ（片上，2017）．これは，物質的な成長の限界性を無視し永遠

の「成長」を信奉した日本の「バブル時代」の感覚と類比できる．したがって，『逢魔ヶ刻動物園』の場合も，「丑三ッ時水族館」や「ヤツドキサーカス団」との壮絶な戦いとその後の融和（＝「仲間」化）という点では，「ジャンプ的なバトル」が展開されていることになるが，片上（2017）が指摘する永遠のインフレ的展開とはならない．同じ作者の『僕のヒーローアカデミア』（2014年32号〜）が比較的長期連載されていることとも対照的である．

　この理由は，『逢魔ヶ刻動物園』の作品の出来栄えというよりも，この作品の設定がそもそも短期連載の宿命にあるといえよう．つまり舞台となる「逢魔ヶ刻動物園」，「丑三ッ時水族館」や，「ヤツドキサーカス団」には共通性があるのだ．動物園と水族館の境界は曖昧であり，そもそもいずれも「日本動物園水族館協会」（1939年発足）という組織を中心に発展している（古性・諸井，2016）．サーカスは「見せる」という行為を中心とした「見世物」であるが，動物園や水族館にとってもこの「見せる」という側面は重要である．例えば，「動物を見る」人々（＝来園者）と「動物園の目的・使命」を果たそうとする動物園側との間のずれの認識は動物園側にとって重要である（第1章）．いずれにせよ，この『逢魔ヶ刻動物園』の戦いの舞台は（動物園，水族館，サーカス団）ある意味必然的な関連をもっているが，これ以上の拡張性を求めることができないのだ．つまり，作者が課したこのような設定は，「〈物語〉としての構造をしっかり」と生じさせてしまった（片上，2017）．そのため，これ以上の「戦う理由」を読者に発生させることなく，大団円的な「オチ」（＝「〈物語〉の終わりに向けて，展開されている感覚」（片上，2017））をもたらしたといえよう．

6　変身の場としての「逢魔ヶ刻動物園」

　先述したように,「逢魔ヶ刻動物園」園長の〈椎名〉,「丑三ッ時水族館」館長の〈伊佐奈〉,「ヤッドキサーカス団」の「総支配者」である〈志久万〉いずれも,「呪い」による人間の変身である. この物語の特異性は「動物園」,「水族館」や,「サーカス団」という場での2方向の変身を軸とした展開にある. 人間から動物という軸とともに言語コミュケーション力を付与することによる生き物たちの「人間化」である.

　ところで, 宗教の本質を原始宗教の諸儀式に求めた社会学者のデュルケム (Durkheim, 1912) は,「俗の世界」から「聖なる事物の世界」の創造を次のように説明した. 原始宗教の諸儀式を経験することにより,「人は, 自分自身をいつもとは異なって考えさせ, 働かせる一種の外的力能に支配, 指導されている, と感じ, 当然にもすでに彼自身ではなくなったという感銘を受ける」(Durkheim, 1912). つまり, 宗教上の諸儀式を経験することによって, 人は心理的に「まったく新しい存在」となるのである.「通常住んでいるのとはまったく違った特別の世界・彼を襲って転生させる例外的に強度な力にみちた環境」へと心理的に移行するのだ. ここに,「物憂くも日常生活を送っている世界」である「俗の世界」とは異なる「聖の世界」が構築される.

　デュルケム (1912) の考察対象は宗教経験の解明にあるが, これを動物園が構築する世界に適用しよう. 動物園には, 日常生活 (=「俗の世界」) では接触することができない様々な動物たちが飼育されて

いる．第2章では，ブルーナーとタジウリ（Bruner & Tagiuri, 1954；諸井，1995参照）によって提起された暗黙の性格観（implicit personality theory）という考えに基づき，動物園で飼育されている動物に対する性格推測の基底にある過程を検討した．人間（この研究では同性の親友）に対する性格推測の場合とほぼ類似した仕方で動物園の飼育動物の性格が評価されていることが確認された．この知見に基づくと，動物園の中での様々な飼育動物との接触経験は，日常生活における他者に対する接触経験との間の類比感覚経験を喚起し，動物園への来園が促されていると考えられる．つまり，日常生活という「俗の世界」から動物園という「聖の世界」への心理的移行が動物園施設がもつ重要な要素なのだ．以上に述べたことは，「水族館」や「サーカス団」の場合にもあてはまるだろう．例えば，私設動物園である「大内山動物園」（三重県度会郡大紀町）は，山間に設けられ，敷地も広いが長細い形状となっている．さらに，尾鷲ヒノキを利用した獣舎群は園全体をログハウスでリゾート地風にしている（第4章，**図4-3-b**）．この独特な雰囲気は，「聖の世界」への心理的移行を容易にしている．境界の生成に関する民俗学的解明を試みた赤坂（2002）によれば，「注連縄」は，「神々が鎮座する清浄の世界」（＝聖の世界）と「その外部（そと）なる不浄の世界」（＝俗の世界）との「境界を可視化するための標識」である．この「注連縄」を示すアイコンはいわば動物園への入園口（第4章，**図4-3-a**）であろう．

『逢魔ヶ刻動物園』における先述した2方向の変身は，Durkheim (1912) が見抜いた「俗の世界」から「聖なる事物の世界」への移行構造が動物園という場にも適用されることを踏まえているのである．このことによって，読者にとって〈椎名〉や〈華〉と動物たち

とのコミュケーションがより現実感覚を帯びる.

7　動物園がもつ「神秘性」の意義

ここで対象とした『逢魔ヶ刻動物園』は，動物園という場固有の「神秘性」を巧みに利用した変身を軸に据え，『週刊少年ジャンプ』誌の「友情・努力・勝利」の3要素を具現化した．アニメやコミックが構成する世界を「世界観」という概念から考察した都留（2015）によれば，「ある全体性と整合性を持った一つの世界の中に，身体と思考を持った人間的存在を確かに存在させること」（これを都留は「リアリティ」と呼ぶ）が作品の成功にとって重要である．この点では，この作品は，読者を「異世界」に連れ出し，「世界観を共有させる」ことに成功していると判断できよう．

先に述べたように，この物語は，動物園がもつある種の「神秘性」を基盤としている．したがって，都留（2015）が重視する作品の送り手と受け手との間の「何らかの共通項」という観点からは，『逢魔ヶ刻動物園』の短期連載は，いわば娯楽施設の所謂多様化の中での動物園の衰退（古性・諸井，2017b）と相関しているかもしれない．動物園施設への来訪の減少は，この「共通項」をもたらさなくなるからである．

また，『逢魔ヶ刻動物園』の中心軸の1つである変身についても，さらに多角的に考察すべきである．中村（2006）は，昔話で描かれる動物と人間の間の変身関係における文化差を抽出した．『グリム童話集』では大半が人間の動物への変身であるのに（「人間→動物」67例，「動物→人間」6例），『日本昔話記録』では動物の人間への変

身が多い(「人間 → 動物」42例,「動物 → 人間」92例).日本で最近人気を得たアニメ『けものフレンズ』(テレビ東京,2017年1月〜3月放映；フライ・けものフレンズプロジェクト 2016, 2017)は,動物が神秘の物質によって「アニマルガール」へと変身し巨大動物園「ジャパリパーク」を舞台に展開される物語である.この物語は,『逢魔ヶ刻動物園』と逆に「動物 → 人間」型の変身を中心としており,中村(2006)の知見に従えば日本的である.

このような文化差に加え,例えば,① 「嫁入りの儀式」や「御蔭参り」などの日本における歴史文化現象(荻野,1997),② 西洋社会におけるゾンビなどの他形式の変身(「『魂の変容』が起こり,それによって,人間は,その外形を保ったまま,『人間ではないもの』に変化」(都留,2014)),さらには③ 女性の男性への変身(日本の少女マンガ世界における〈男装の少女〉というヒロイン像(押山,2018))などのように様々な変身の「かたち」がある.今後,これらの社会心理学的な意味を系統的に位置づける必要があるだろう.また,「妖怪」などの説話に代表される「異類として表現された実在/非実在の動物」(伊藤,2016)が人間の心にとってどのような意味をもつのかも,同時に検討すべきである.

[付記]
(1) 本章執筆のための文献収集のために,第1著者が賜った科学研究費「基盤研究(C)〈16K04274〉：若者によるサブカルチャーの受容——作品分析と質問紙調査——(2016〜2018年度)」を利用した.
(2) 本章は,『総合文化研究所紀要』誌に掲載した論文に基づいている(「『逢魔ヶ刻動物園』が描く変身の妄想的世界」,『総合文化研究所紀要』(同志社女子大学), 2018, **35**, 近刊)

引用文献

赤坂憲雄　2002『境界の発生』講談社学術文庫.

Bruner, J. S., & Tagiuri, R. 1954 "The Perception of People." In G. Lindzey (Ed.), *Handbook of Social Psychology, vol.* Ⅱ, Reading, Mass.: Addison-Wesley, 634-654.

Durkheim, É. 1912 Les formes élémentaries de la vie religiuse. : Le système totémique en Austraile. 古野清人訳『宗教生活の原初形態（上)』2014, 岩波文庫.

フライ・けものフレンズプロジェクト　2016『けものフレンズ——ようこそジャパリパークへ！—— 1』角川コミックス・エース.

フライ・けものフレンズプロジェクト　2017『けものフレンズ——ようこそジャパリパークへ！—— 2』角川コミックス・エース.

Hogg, M. A., & Abrams, D 1988 *Social identifications: A social psychology of intergroup relations and group processes.* Routledge. 吉森　護・野村泰代（訳）1995『社会的アイデンティティ理論——新しい社会心理学大系化のための一般理論——』北大路書房.

堀越衡平　2010a『逢魔ヶ刻動物園 1』集英社.

堀越衡平　2010b『逢魔ヶ刻動物園 2』集英社.

堀越衡平　2011a『逢魔ヶ刻動物園 3』集英社.

堀越衡平　2011b『逢魔ヶ刻動物園 4』集英社.

堀越衡平　2011c『逢魔ヶ刻動物園 5』集英社.

伊藤慎吾　2016　異類文化学への誘い　伊藤慎吾（編）『妖怪・憑依・擬人化の文化史』笠間書院, 1 -25.

門脇正法　2012『少年ジャンプ勝利学——金メダルに必要なことはみんなマンガから教わった——』集英社インターナショナル.

片上平二郎　2017『「ポピュラーカルチャー論」講義——時代意識の社会学——』晃洋書房.

巻来功士　2016『連載終了——少年ジャンプ黄金期の舞台裏——』イースト・プレス.

三ツ谷誠　2009『「少年ジャンプ」資本主義』NTT出版.

みずほ総合研究所（編）　2017『データブック 格差で読む日本経済』岩波書店.

諸井克英　1995「孤独な顔——暗黙の性格理論によるアプローチ——」『人文論集』（静岡大学人文学部), **46（1）**, 51-79.

中村禎里　2006『日本人の動物観——変身譚の歴史——』ビイング・ネット・プレス.

押山美知子　2018『新増補版 少女マンガジェンダー表象論──〈男装の少女〉の造形とアイデンティティ──』アルファベータブックス.
RADWIMPS　2016　週刊少年ジャンプ『人間開花』ユニバーサルミュージック〈UPCH-29241〉（CD）.
新村出（編）2018『広辞苑 第七版』岩波書店.
角南攻　2014『メタクソ編集王──「少年ジャンプ」と名づけた男──』竹書房.
都留泰作　2015『〈面白さ〉の研究──世界観エンタメはなぜブームを生むのか──』角川新書.

あ と が き

　本書は，同志社女子大学大学院・生活科学研究科・生活デザイン専攻に在籍した（2016年4月〜2018年3月），古性摩里乃さんが提出した修士論文を加筆・改稿したものである．古性摩里乃さんは，同志社女子大学・現代社会学部・社会システム学科に学び，天野太郎教授の歴史地理学ゼミで「姉妹都市」に関する卒業論文に取り組んだ．その際，「姉妹都市」の観点から姫路市立動物園も取り上げた（本書第5章）．この学部時代の動物園に対する着眼を深化するために特別推薦入学生として生活デザイン専攻に進学し，彼女は，動物園の魅力高揚の問題に社会心理学的観点から格闘した．

　当然のことながら，動物園に関する研究が日本でどのように展開されているかについて小生はまったくのところ無知であったので，修士論文という枠組みとはいえ，古性摩里乃さんとの共同作業で多くのことを学ぶことができた．元々のいわば「本筋」である計量的方法に，学部時代に天野太郎教授から彼女が刷り込まれた「現場百遍」精神を混合させながら，修士論文を完成することができた．指導した立場ゆえに「できばえ」については評価を避けるが，2年間（古性摩里乃さんの就職活動もあり実質的には1年半）の取り組みを細切れの論文のままではなく加筆・改稿し「ひとまとまりのかたち」にしたのが本書である．

　本書の構想を晃洋書房編集部の井上芳郎さんに提案し，出版のご快諾を頂いた．『ハイロウズの掟——青年のかたち——』（2005年）

という「奇妙な」本の公刊に続き，井上芳郎さんには感謝するのみである．

2018年5月
MUSIC BAR "SANTERIA" のある JR・津田駅の近くにて

諸 井 克 英

著者紹介
諸 井 克 英（もろい　かつひで）
同志社女子大学生活科学部・人間生活学科・特任教授
名古屋大学大学院文学研究科博士課程単位取得退学
博士〈心理学〉
[**主な著書**]
『孤独感に関する社会心理学的研究——原因帰属および対処方略との関係を中心として——』（風間書房 1995年），『ハイロウズの掟——青年のかたち——』（晃洋書房 2005年），『ことばの想い——音楽社会心理学への誘い——』（ナカニシヤ出版 2015年）ほか

古性摩里乃（ふるしょう　まりの）
㈱スペース（東京）勤務
同志社女子大学大学院・生活デザイン専攻修了 修士〈生活デザイン〉
[**主な論文**]
「地域社会における『姉妹都市』提携の機能と直面する課題（1）——「姉妹都市」提携の歴史と広がり——」（2016年），「地域社会における『姉妹都市』提携の機能と直面する課題（2）——小田原市の事例——」（2016年）ほか

動物園の社会心理学
——動物園が果たす役割と地方動物園が抱える問題——

2018年9月20日　初版第1刷発行	＊定価はカバーに表示してあります
著者の了解により検印省略	著　者　諸 井 克 英 ⓒ 　　　　古 性 摩 里 乃 発行者　植 田　　実 印刷者　西 井 幾 雄

発行所　株式会社　晃 洋 書 房
〒615-0026　京都市右京区西院北矢掛町7番地
電話　075(312)0788番(代)
振替口座　01040-6-32280

装丁　クリエイティブ・コンセプト　印刷・製本　㈱NPCコーポレーション
ISBN978-4-7710-3088-6

〈(社)出版者著作権管理機構 委託出版物〉
本書の無断複写は著作権法上での例外を除き禁じられています．
複写される場合は，そのつど事前に，(社)出版者著作権管理機構
（電話 03-3513-6969, FAX 03-3513-6979, e-mail: info@jcopy.or.jp）
の許諾を得てください．